持续适航导论

孙缨军　王烨　蔡景　左洪福　著

北京航空航天大学出版社

内 容 简 介

本书共分为三部分内容,第1章构成了第一部分内容,主要通过实际发生的航空事故,引出了适航,尤其是持续适航的问题,并定义了本书"持续适航"的研究范畴。第2章到第5章构成了第二部分内容,围绕持续适航层层推进,介绍了航空安全与适航的关系;进而详细介绍了什么是持续适航,从理论角度探讨了持续适航的原理;接着,从原理出发分析和研究了实现持续适航应遵循的过程;最后,从工程实际出发,通过国内外持续适航管理实践的对比,分析和比较了各方落实持续适航原理与过程的管理方法。第6章到第9章构成了第三部分内容,从危险识别、风险评估、根原因分析,到纠正措施时限计算,重点介绍了持续适航过程中涉及的主要理论、方法和工具,为实现持续适航管理和技术评估提供了支持。

本书涵盖的内容涉及了持续适航的主要方面,可以作为适航技术与管理专业学生的专业教学教材,也可以作为该专业或相关专业的技术人员的参考书。

图书在版编目(CIP)数据

持续适航导论 / 孙缨军等著. -- 北京 ：北京航空
航天大学出版社,2020.3
ISBN 978 - 7 - 5124 - 3199 - 7

Ⅰ. ①持… Ⅱ. ①孙… Ⅲ. ①飞机—适航性 Ⅳ.
①V221

中国版本图书馆 CIP 数据核字(2020)第 000527 号

持续适航导论

孙缨军　王烨　蔡景　左洪福　著
责任编辑　张凌

*

北京航空航天大学出版社出版发行

北京市海淀区学院路 37 号(邮编 100191)　http://www.buaapress.com.cn
发行部电话:(010)82317024　传真:(010)82328026
读者信箱：goodtextbook@126.com　邮购电话:(010)82316936
北京九州迅驰传媒文化有限公司印装　各地书店经销

*

开本:710×1 000　1/16　印张:12.25　字数:261 千字
2020 年 5 月第 1 版　2020 年 5 月第 1 次印刷
ISBN 978 - 7 - 5124 - 3199 - 7　定价:49.00 元

前　　言

自 20 世纪 80 年代开始,我国开展相关民用航空器持续适航管理工作,颁布了相应的适航规章和程序,主要工作是对引进的民用航空器颁发适航指令。国产民用航空器的持续适航管理方面虽然囿于当时航空产业的发展状况,但还是进行了有益的探索和实践。

2007 年,民航局为满足我国发展大型客机的战略规划的需求,成立了中国民航上海航空器适航审定中心,并内设持续适航室。当时,为应对国产运输类飞机 ARJ21 - 700 交付后的持续适航管理工作面临的挑战,确保国产飞机的持续运行安全,适航司和上海审定中心的领导高度重视国产运输类飞机持续适航管理的规划和建设工作。时任上海审定中心主任沈小明同志大力推动了国产运输类飞机持续适航管理的组织建设。2011 年,上海审定中心内部机构调整,航空器评审工作从持续适航室剥离出来,由新成立的航空器评审室负责,持续适航室自此专门从事持续适航管理工作。

上海审定中心持续适航室按照适航司的要求,开展国产民用飞机持续适航管理相关的研究和规划工作,于 2011 年向适航司上报《关于上报持续适航管理工作规划和实施方案的请示》(民航沪审[2011]28 号文),适航司批复《关于对上海航空器适航审定中心“关于上报持续适航管理工作规划和实施方案的请示”的批复》(AID20110124)认为,工作规划和实施方案“内容全面、条理清晰、依据正确、思路开阔、流程清楚、职责明确,可以作为中心持续适航管理工作的指导文件”。同年,适航司通过民航适函[2011]45 号文,授权上海航空器适航审定中心开展有关航空器的持续适航管理工作。至此,上海审定中心作为设计国的持续适航管理工作的技术机构,组织职责进一步完善。

持续适航管理是适航管理当局、型号合格证持有人、航空运营人、维修单位等各方的共同职责。型号合格证持有人的持续适航体系的构建是整个体系构建中关键的一环,它在改进航空器的设计、提升航空器的市场竞争力等诸多方面都发挥着不可替代的作用。我国民用飞机制造业蓄势发展的形势对型号合格证持有人的持续适航体系建设提出了必然的要求。在这样的形势下,自 2008 年开始,上海审定中心持续适航室总结国内外工业实践经验,研究持续适航相关的程序方法,并结合我国适航管理的现状和特点,开始编制《型号合格证持有人的持续适航体系要求》咨询通告草案,2013 年该咨询通告颁布。该咨询通告的颁发为 ARJ21 – 700 飞机持续适航工作的开展奠定了基础。

中国商飞依据咨询通告于 2014 年建设 ARJ21 – 700 飞机的持续适航体系。随后,适航司发布民航适函[2014]127 号文,授权上海审定中心开展 ARJ21 – 700 飞机持续适航体系评审、监督和管理工作。同年,上海审定中心发文组织成立持续适航体系评审组,开展 ARJ21 – 700 飞机的持续适航评审和监管工作。2015 年 11 月 23 日,经过近一年的体系评审,评审组确认中国商飞通过评审,批准其持续适航体系管理手册。正如时任华东地区管理局副局长沈小明在持续适航体系评审总结会上指出的:"中国商飞通过持续适航体系评审标志着主制造商有能力履行规章规定的持续适航主体责任。持续适航体系意义重大,要进一步加大持续适航体系管理手册的贯彻执行力度,确保持续适航体系有效运行,为促进航空安全、提升民族品牌形象做出应有贡献。"

2015 年 12 月,随着第一架飞机交付成都航空,适航司通过《关于授权管理局颁发适航指令的通知》([2015]3322),授权上海审定中心编发 ARJ21 – 700 飞机的适航指令。上海审定中心按照授权要求建立工作程序,以持续适航体系为基础,与中国商飞共同努力识别 ARJ21 – 700 飞机机队的不安全状态,确保飞机安全运行。自 2018 年 8 月起,上海审定中心持续适航室按照既定的方法和流程,监控 ARJ21 – 700 飞机的不安全状态,编制的适航指令相继颁发,标志着上海审定中心探索出了一条基于体系化的、以技术评估和体系监管为主线的国产民机持续适航管理的实践道路。

我从 2008 年开始一直负责上海审定中心持续适航室的工作至今,作为上述历程的亲历者和实践者，很早就萌生了将持续适航的原理、理念、方法和程序编写成书的想法，无奈工作繁忙、积累有限。但近年来，随着国产民用飞机不断的研制和投入使用，我们深感编著一本有关持续适航的书籍是一件紧迫的事。因而我和我的同事王烨、邢广华、王诗婷，并与南京航空航天大学的蔡景老师一起，斗胆总结和提炼工作实践经验和国内外相关的研究成果，编著本书。本书凝聚了以往相关持续适航的一些研究成果，以及国内外持续适航管理的实践经验总结。我们虽试图将持续适航的理念、思路和方法梳理清晰，但是因能力水平有限，若本书有粗浅不妥之处，敬请读者谅解。

在书稿的撰写过程中，特别感谢南京航空航天大学民航学院左洪福老师的大力支持，感谢南京航空航天大学鲍晗、周迪等，以及上海工程技术大学陈志雄等的大力协助。没有提及的，直接或间接对本书有过贡献的同事、老师、学生，这里不一一列举。我们在此铭记，并致以谢忱。

书中个别地方直接摘录了一些优秀著作的内容，也参考了大量学术论文和资料，在参考文献中已一一列出，但由于时间关系，可能存在遗漏或标注错误，敬请见谅。

本书在文字表达、图表、公式等方面难免存在疏漏和错误，希望读者能够给予指正，不胜感谢。

孙缨军
2019 年 7 月

目　　录

第1章　引　言 ·· 1

　1.1　航班 427 事故始末 ······························ 2

　1.2　航班 427 事故调查经过 ······················ 2

　　1.2.1　适航审定基础的演变 ·················· 2

　　1.2.2　重要事件节点 ···························· 4

　1.3　航班 427 事故的改正措施 ·················· 7

　　1.3.1　改正措施 ·································· 7

　　1.3.2　相关适航指令的演变 ·················· 8

　1.4　航班 427 事故背后的适航问题 ············ 8

　　1.4.1　设计假设前提的破坏 ·················· 9

　　1.4.2　认知水平的限制 ························ 9

　　1.4.3　事故前兆被忽略 ······················ 10

　1.5　总结和引述 ···································· 10

第2章　航空安全和适航 ······························ 13

　2.1　航空安全 ······································ 13

　　2.1.1　航空安全的概念 ······················ 13

　　2.1.2　航空安全的管理 ······················ 15

　2.2　航空产品安全 ································ 17

　　2.2.1　航空产品安全的概念 ················ 17

　　2.2.2　航空产品安全的过程 ················ 18

　2.3　适　航 ·· 22

　　2.3.1　概　念 ·································· 22

　　2.3.2　适航程序 ································ 25

　　2.3.3　适航标准 ································ 27

　　2.3.4　适航活动 ································ 28

第3章　持续适航概述及原理 ························ 32

　3.1　概　述 ·· 32

　　3.1.1　持续适航的由来与作用 ·············· 32

　　3.1.2　持续适航的意义与目的 ·············· 33

　3.2　航空危害的特点和征兆 ···················· 38

　　　3.2.1　航空危害的特点 ·· 38

　　　3.2.2　不安全状态的征兆 ··· 39

　　3.3　航空安全原理 ··· 41

　　　3.3.1　航空事故致因理论 ··· 41

　　　3.3.2　航空安全的冰山理论 ·· 41

　　　3.3.3　航空安全的其他理论 ·· 42

第4章　持续适航过程 ··· 44

　　4.1　概　述 ··· 44

　　4.2　信息获取 ··· 49

　　　4.2.1　信息的收集 ·· 49

　　　4.2.2　信息的筛选 ·· 50

　　4.3　风险评估 ··· 51

　　　4.3.1　初步风险评估 ··· 51

　　　4.3.2　详细风险评估 ··· 52

　　4.4　工程调查 ··· 53

　　4.5　措施制定 ··· 55

　　4.6　措施发布 ··· 56

　　4.7　经验总结 ··· 57

第5章　持续适航管理 ··· 59

　　5.1　《国际民用航空公约》附件八的要求 ······················ 59

　　5.2　美国的持续适航管理 ·· 59

　　　5.2.1　FAA 的立法和定标 ·· 59

　　　5.2.2　美国的持续适航管理实践 ··································· 63

　　5.3　欧洲的持续适航管理 ·· 66

　　　5.3.1　EASA 的立法定标 ·· 66

　　　5.3.2　欧洲的持续适航管理实践 ··································· 67

　　5.4　我国的持续适航管理 ·· 70

　　　5.4.1　CAAC 的立法定标 ··· 70

　　　5.4.2　我国的持续适航管理实践 ··································· 73

　　5.5　小　结 ··· 84

第6章　危险识别 ··· 86

　　6.1　危险事件来源 ··· 86

　　　6.1.1　未知风险 ··· 86

　　　6.1.2　综合风险 ··· 86

　　　6.1.3　使用环境风险 ··· 87

6.2　危险事件标准 ·· 87

6.2.1　事件报告的目的 ·· 87

6.2.2　事件上报标准 ·· 88

6.3　危险严重度分类 ··· 90

6.4　危险识别的过程与要求 ·· 90

6.4.1　危险识别的过程 ·· 90

6.4.2　危险识别的要求 ·· 92

6.5　危险识别方法 ··· 92

6.5.1　经验法 ··· 93

6.5.2　计算机辅助 ··· 93

6.5.3　数据挖掘 ··· 93

6.6　基于前兆的危险识别 ··· 94

6.6.1　前兆的来源 ··· 94

6.6.2　前兆信息的结构 ·· 98

6.6.3　基于前兆的危险识别过程 ·································· 99

第7章　风险评估 ·· 101

7.1　风险概率 ··· 101

7.1.1　评估原则 ··· 101

7.1.2　失效类型确定 ··· 102

7.1.3　定性概率评估 ··· 103

7.1.4　定量概率评估 ··· 103

7.2　风险建模方法 ··· 105

7.2.1　5M 与 SHEL 模型 ··· 105

7.2.2　主逻辑图 ··· 107

7.2.3　事件序列图与事件树 ······································ 108

7.2.4　FTA 与 FMEA ·· 110

7.2.5　共因失效模型 ··· 111

7.2.6　STPA 模型 ··· 112

7.2.7　TARAM 模型 ··· 113

7.2.8　CAAM 模型 ·· 118

7.2.9　其他风险评估方法 ·· 119

7.3　风险评估中的数据分析方法 ···································· 122

7.3.1　威布尔分析 ··· 122

7.3.2　贝叶斯分析 ··· 128

7.3.3　蒙特卡罗仿真 ··· 131

7.3.4　重要度排序 ··· 132

第8章　根原因分析……………………………………………………………… 136

　8.1　事件树分析法 ……………………………………………………………… 137

　8.2　事件因果关系图表法 ……………………………………………………… 138

　8.3　5－Whys 分析法 …………………………………………………………… 138

　8.4　阿波罗根原因分析法 ……………………………………………………… 139

　8.5　变化分析法 ………………………………………………………………… 139

　8.6　屏障分析法 ………………………………………………………………… 140

　8.7　基元事件分析法 …………………………………………………………… 140

　8.8　原因图法 …………………………………………………………………… 141

　8.9　RCA 方法的优劣对比 ……………………………………………………… 142

　　8.9.1　RCA 方法的评价标准 …………………………………………………… 142

　　8.9.2　RCA 方法的比较结果 …………………………………………………… 143

　8.10　根原因分析案例 …………………………………………………………… 144

　　8.10.1　案例分析一:基于事件树分析法的发动机叶片断裂原因分析 ……… 144

　　8.10.2　案例分析二:用因果分析法分析美国航空 1420 航班飞行事故……… 156

　　8.10.3　案例分析三:用原因图法分析法航 4590 航班协和飞机坠毁事故

　　　　　　 ………………………………………………………………………… 161

　　8.10.4　案例分析四:用阿波罗根原因分析法分析 TWA 800 航班事故 …… 164

第9章　纠正措施时限计算……………………………………………………… 175

　9.1　纠正措施 …………………………………………………………………… 175

　9.2　纠正措施实施时限 ………………………………………………………… 175

　9.3　冈斯顿纠正措施时限计算方法 …………………………………………… 176

　　9.3.1　冈斯顿方法背景介绍 …………………………………………………… 176

　　9.3.2　风险标准的确定 ………………………………………………………… 176

　　9.3.3　纠正措施时间限制的确定 ……………………………………………… 178

　9.4　TARAM 纠正措施时限计算方法 ………………………………………… 181

　　9.4.1　TARAM 方法背景介绍 ………………………………………………… 181

　　9.4.2　90 天机队风险计算方法 ………………………………………………… 181

　　9.4.3　案例分析 ………………………………………………………………… 184

参考文献………………………………………………………………………… 185

第 1 章　引　言

　　1903 年 12 月 17 日莱特兄弟实现 12 秒的飞行后,1905 年第一架实际用于飞行的飞机出现。之后,全世界制造的飞机如雨后春笋般涌现。一战期间,飞机的使用证明其具有军事以及邮件运输用途。然而,受制于当时的技术水平,早期的飞行充满危险,飞行员依靠磁罗盘导航,飞行高度在 70～160 m 之间,仅靠辨别道路和铁路来判定方向,夜间需要燃起篝火来着陆,那时航空事故是家常便饭。

　　归功于航空技术的不断进步,当今世界,飞机作为长途旅行最安全的一种交通工具,全球每天超过 10 万架次航班安全起降,全球航空业蓬勃发展,成为世界经济增长与社会发展的催化剂。据分析,目前全球航空业对于世界经济的贡献率达到 3.5%,提供约 270 万个直接就业岗位。如果在航空安全方面没有取得举世瞩目的成就,航空业就不会取得如此巨大的进步。

　　不可否认,近 30 年是世界商业航空史上最安全的时期。尽管如此,灾难性的航空事故和严重事故征候仍然频频发生。据统计,21 世纪以来大大小小的空难累计 1 000 多起,其中有多起严重空难:2002 年 5 月中华航空 611 航班一架 B747-200 飞机在巡航阶段发生空中解体,造成 206 名乘客及 19 名机组人员全部遇难,后经调查,事故缘于 22 年前的一次违规维修,该事故为发生在台湾境内死伤最惨重的空难;2009 年 6 月法国航空 447 航班一架 A330-203 飞机坠毁,机上 216 名乘客以及 12 名机组人员全部罹难,后经过 3 年的调查得出,事故原因是皮托管结冰以及机组的操作错误,这次事故是 A330 机型最严重的空难,也是其首次商业飞行空难等。此外,仅 2014 年一年就发生了马航 MH370、马航 MH17 和亚航 QZ8501 三起严重空难,共造成近 700 人遇难。再看看国内,即便航空安全一直处在较高水平,但进入 21 世纪以来,共发生了十余起空难和严重事故征候,其中最近的一次严重空难是发生在 2010 年的"伊春空难",共造成 42 人遇难、54 人受伤,给航空业蒙上了一层阴影。

　　血淋淋的数据不断地警示人们,不禁拷问:人类在航空技术方面已经取得了伟大进步,为什么飞机仍然不能避免事故?

　　1994 年全美航空 427 航班发生坠机事故,在此后的 8 年中,美国联邦航空局(Federal Aviation Administration,FAA)和美国国家运输安全委员会(National Transportation Safety Board,NTSB)对事故的原因以及 B737 系列飞机的适航审定过程展开完整调查,通过对航班 427 事故整个过程进行还原,探究如何在航空事故发生之前进行识别和避免。

1.1　航班 427 事故始末

1994 年 9 月 8 日,执行全美航空 427 航班的一架 B737 - 300 飞机在向匹兹堡国际机场进近时,飞机失去控制,随后坠毁在距离机场西北部约 6 mile 的地方,机上132 名乘客和机组成员全部丧生。

经过一系列的调查,美国国家运输安全委员会 NTSB 认定飞机失控是由于飞机方向舵偏转方向与机组为躲避飞机尾流而施加的指令方向正好相反。处于这种混乱状态下,机组控制升降舵到完全伸展开的位置,导致飞机失速,以及随后的失控,并且之后再没有恢复对飞机的控制。这次事故后,波音公司对 B737 机型的方向舵系统进行了重新设计,以避免空中反转。另外,行业小组制定混乱恢复训练辅助的训练方案,以辅助建立从空中混乱状态恢复的训练科目。这次调查也促进了对其他相似的B737 事故结论的重新考虑。

1.2　航班 427 事故调查经过

从 1994 年事故发生到 2002 年最终 FAA AD2002 - 20 - 07R1 的发布,全美航空427 航班事故的调查过程持续了 8 年,其间 NTSB 和 FAA 对 B737 系列飞机机队从型号审定到事故发生期间的重要事件进行了全面分析,并进行了一系列相关实验。在对调查结果进行反复验证和不断更替之后,最终发现了方向舵反转的根原因,并进行了更正。

1.2.1　适航审定基础的演变

早期的运输类飞机运行,规章就已经考虑飞行控制卡阻,并要求提出降低卡阻概率的策略。最早的民用航空规章(CAR)有关"飞机适航性"的 04 部规章于 1937 年11 月发布,其中在 04.430 节有关"安装"(14 CAR 04.403)中就要求飞行控制系统的设计应当避免卡阻。随着规章演变为 4b 部"飞机的适航性:运输类"(14 CAR 4b部),有关避免飞行控制卡阻的要求也一并进行了扩充。4b.320"一般性"(14 CAR4b.320)小节中要求失效或断开不能危及持续的安全飞行和着陆,另外还要求有效解决动力运行的或助动系统的动力缸卡阻问题,除非证明这些问题的影响是极不可能的。

在规章演变为新的 14 CFR 25 部"适航性标准:运输类飞机"时,CAR 4b.320 的规定已经演变成为全面的规定,主要针对飞行控制系统的设计,并涉及对飞行控制卡阻的考虑。与此同时,CAR 中 4b.329 节有关"操纵系统的细节设计:一般性"(CAR4b.329)就特别针对了飞行控制系统的设计方面以通过设计手段来避免或减轻飞行控制卡阻和/或失效的可能性和后果。

　　B737 - 100 和 B737 - 200 机型的初始审定是在 1967 年 12 月进行的,审定基础是 1965 年 2 月 1 日发布的 14 CFR 25 部修正案 0 至 1967 年 10 月 24 日发布的 14 CFR 25 部修正案 25 - 15。事实上,B737 机型是第一种按 14 CFR 25 部规定进行适航审定的机型。关于飞行控制系统的规章要求是在 14 CFR 25.671 以及 25.695 节“助动和动力运行控制系统”(14 CFR 25.695)。B737 - 300 机型的大部分都是按照与 B737 - 100 和 B737 - 200 系列飞机一致的修正案水平进行审定的。1970 年 5 月 8 日发布的 14 CFR 25.671 和修正案 25 - 23,第 25.672 节,“增稳系统及自动和带动力的操纵系统”(14 CRF 25.672)适用于 B737 - 300 机型,但内容仅针对飞行控制系统新的或重大改装方面。因此,与原有设计一样的方向舵系统就按 14 CFR 25.671 和 14 CFR 25.695 的标准开展合格审定,这些标准也是 B737 - 100 和 B737 - 200 机型合格审定使用过的标准。

　　14 CFR 25.695 主要是有关动力或助动的飞行控制系统,该规定要求在主系统失效的情况下要有可替代的飞行控制系统。另外,规定还要求飞机要在全发失效的事件中保持可控。值得注意的是,14 CFR 25.695(c)段,“必须要考虑机械部件(如活塞杆和连杆)的失效以及动力缸的卡阻,除非这些部件失效是极不可能发生的”,并要求“必须考虑”不能证明是“极不可能”的控制系统的卡阻。

　　14 CFR 25.671(c)段为“应通过分析、实验或者同时使用这两种方法来证明飞机在飞行控制系统及表面(包括配平力、阻力和感力系统)发生任一种故障或卡阻后,仍可以持续安全飞行和着陆,且无需额外的飞行技术或者力量。可能发生的故障只能对控制系统的运行产生很小的影响,而且必须能够由飞行员轻松地应对。”在(c)(3)段中提到“任何在起飞、爬升、正常转弯、下降和降落期间发生在控制位的卡阻都会造成危险,除非证明卡阻是极不可能的或可以减缓的。如果飞行控制向相反位置的失控以及卡阻不是极不可能发生,那么就必须进行解决。”

　　在 B737 - 100 和 B737 - 200 系列飞机进行合格审定后,14 CFR 25 部就进行了修订,修订号为 25 - 23,此次修订加入了 14 CFR 25.672 以及修订了 14 CFR 25.671。在这次修订中,14 CFR 25.695 被取消了,14 CFR 25.695 的内容和主旨被融合到了 14 CFR 25.671 和 14 CFR 25.672 中。最后,由于取消了 14 CFR 25.695,可替代控制系统的要求也被取消了。然而,加入了 25.1309 有关“设备系统和安装”部分以及 14 CFR 25.671 和 14 CFR 25.672 的规定,有效地提高了系统冗余度和可靠度以及“持续安全飞行和降落”的能力。

　　根据上述的审定基础,针对 B737 - 300 机型在适航审定阶段基于方向舵潜在的卡阻和控制异常可能性非常低(当时认为是极不可能发生的),以及即使发生不可预见的卡阻,也可以通过使用副翼和飞行扰流板等进行横向控制的观点,对 B737 - 300 机型的方向舵机械系统进行了评估和批准。当时,方向舵反转的问题被认为不可能发生,并没有得到处理。

1.2.2　重要事件节点

事故调查过程长达 8 年,涉及 FAA、NTSB、波音公司等政府和工业界单位,其中的重要事件节点主要包括追溯 B737 系列飞机方向舵的型号合格审定过程、相关事件调查、发现事故的根本原因并最终形成安全建议。美国航班 427 事故调查中讨论的重大事件年表如图 1.1 所示。

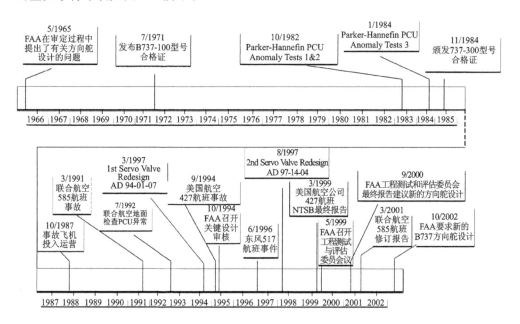

图 1.1　美国航班 427 事故调查中讨论的重大事件年表

1. 型号合格审定过程中的安全关注

早在 B737 系列飞机设计和审定方向舵伺服阀时,两个潜在的问题就已经被识别且进行了当时认为合理的解释,分别是卡阻的伺服阀导致方向舵控制系统故障和伺服阀内液压液体流动的反转。

1965 年,FAA 在审定 B737 - 100 和 B737 - 200 系列飞机时认为可能存在伺服阀卡阻的潜在威胁,并提出单作动器驱动方向舵设计的冗余问题。波音公司当时回应伺服阀不会因为单个卡阻而引发失控,原因是伺服系统中任意一个滑块发生卡阻,另一个滑块仍将移动并连接适合的连接路径。此外,波音公司的分析还显示,在任何舵角,副翼横滚控制权限都超过方向舵控制权限,这意味着由卡阻伺服单元引发的任何滚转都可以用副翼输入来抵消。这个解释在当时被 FAA 的审查人员接受,但直到 1995 年在 427 航班事故的调查中才通过试验揭示:如果速度小于 187 节,飞机在 flap 1 位置(单发复飞时候的襟翼位置),即使副翼全偏转仍无法克服由方向舵全偏转引起的滚转。

第二个问题,即伺服阀内液压液体反向流动的潜在威胁,在 1966 年对一架 B737 样机进行测试时被提出。当时的工程记录显示,研发人员对样机进行了相应更改,以确保累积公差不会导致反向流动,随后人们认为已经消除了次级滑块超行程的潜在威胁。但在 1999 年,派克汉尼汾公司在给 NTSB 的信函中说明,伺服阀内液压液体反向流动是由于交叉流或伺服阀内高于预期的内部泄漏,与双同心阀内的反流无相关性。

这两个潜在问题与全美航空航班 427 事故紧密相关,并且都曾在型号合格审定阶段被提出。遗憾的是,它们并没有在审定阶段被彻底解决。

2. 相关方向舵事件的调查

在航班 427 事故的调查过程中,一些与此次事故相关的 B737 方向舵事件逐步曝光。

早在 1992 年,一架 B737 在地面运行时发生方向舵反向和方向舵卡阻。在机场进行的航前方向舵控制地面检查中,美联航 B737‐300 机长报告左方向舵踏板在大约 25% 踏板行程时停住并且卡住了,当他移开脚去除左踏板的压力后,踏板回到了中间位置。随后,对这个 PCU 的测试显示次级滑块能够移动到超出它设计限制的位置,并导致一个能够产生方向舵反转的非正常的液压油流动。

另一起相关事件发生在 1996 年 6 月,东风航空 517 航班在进近过程中于 4 000 ft 时,飞机突然向右侧偏航并向右侧发生翻滚。该机机长报告称当时立马进行左满舵和副翼输入,但是方向舵踏板十分僵硬,并且没有正常回力。机长不得不提前减小右侧发动机动力,以获得相反的动力来停止飞机的滚转倾向。接着机组人员执行了紧急检查并断开了偏航阻尼器,才使这一可怕事件终止。回顾这架飞机的飞行日志记录,显示了一系列飞行机组报告的与方向舵相关的异常情况。检查这一事件中的飞机方向舵系统零部件也揭示了几个异常情况。

此外,全美航空 427 航班事故的最终调查报告也记录了多起发生在 1974—1995 年间的相关事件,包括因为碎片和侵蚀造成的伺服滑块卡阻、锁紧螺母扭矩不足和在温度较低的液压压力下的 PCU 异常和卡阻等。

这一系列事件促使 FAA 和 NTSB 投入大量精力对方向舵控制系统的潜在单个和多个失效进行识别和实验分析。

3. 根原因的发现

在 1994 年对各种不同飞行控制和系统失效案例所进行的仿真测试中,只有一组方向舵满舵产生的结果与从全美航空 427 航班获得的飞行数据记录一致。这个结果促使调查人员对方向舵满舵案例进行额外研究,并将关注点集中在动力控制单元 (PCU) 上,但是一直没有获得与伺服阀密切相关的证据。直到 1996 年,派克汉尼汾公司进行 PCU 热力测试时,发现热液压液体被注入冷的 PCU 中后,伺服单元中的次级滑块会发生卡阻,并导致主滑块超出行程,进而导致系统回流增加,最终造成方向舵执行器反向作动。这个实验最终确定了一系列方向舵控制异常的真正原因。

此外,根据 NTSB 的调查结果,导致飞行事故的另一个原因是机组在特技飞行和异常高度飞行方面的培训不足。此次事故中的飞行机组明显对有关高攻角和非正常姿态恢复缺乏了解和训练。据调查,机长曾经在部队接受过特技飞行方面的培训,而副驾驶曾接受过通用航空飞机的旋转恢复训练,但是没有接受其他正规的飞行特技或异常高度的训练。这一点引起了人们对航空界的担忧,尤其是目前航空公司的机组大多完全是在民用飞行中接受飞行训练,与军队的实战飞行训练相比,缺乏异常高度的训练。

4. 安全建议的形成

在航班 427 事故发生后,FAA 立即成立了一个特别关键设计审核小组(Critical Design Review,CDR),对 B737 飞行控制系统的飞机级危险进行分析。CDR 小组在 1995 年 5 月发布了一份报告,提出了增加控制飞机飞行路径的可选方式,提高飞行机组不正常飞行姿态的训练,综合航班 427 和航班 585 的事故调查过程等 27 条建议,用来指导后续调查工作。

1999 年,NTSB 发布了全美航空 427 航班事故的最终调查报告,作为一项调查结果,发布建议 A-99-21,要求进行失效分析来识别潜在的失效模式,进行部件和子系统测试来隔离在失效分析过程中发现的特定失效模式,进行 B737 方向舵执行器和控制系统的全面集成测试来识别潜在失效。

仅仅两个月后,根据 NTSB 的建议,FAA 组建了政府和工业界联合的 B737 飞行控制工程测试和评估委员会(Engineering Test and Evaluation Board,ETEB)。ETEB 对 B737 方向舵系统进行了综合的分析,发现了多种失效模式。该委员会由 FAA 领导,由航空业界的多个专家组成,并确定了 4 个主要关注方向:系统工程和仿真、偏航阻尼器和自动驾驶分析、机械控制系统分析以及失效和安全性分析。经过 14 个月的努力,ETEB 完成了对 B737 方向舵系统失效模式和影响的综合分析,并进行了全方位的系统和部件测试,以验证分析中的失效情景。作为分析结果,ETEB 在 2000 年 9 月发布了最终的报告,其中包括了 9 个关键发现和 10 条关键措施,建议措施分为长期和短期,其中建议重新设计和重新安装一个新的方向舵控制系统,该方案获得了 NTSB 的赞同。

根据 NTSB 的调查结果以及 ETEB 的建议,波音公司对方向舵 PCU 进行了重新设计,并提交给 FAA。最终 FAA 于 2000 年颁布 AD 2000-22-02R1,对飞机飞行手册(AFM)进行了修订,增加关于非正常姿态下可供选择的程序,并于 2002 年颁布 AD2002-20-07R1,强制所有 B737 系列飞机在 2002 年 11 月 12 日起的 6 年内安装重新设计的方向舵系统。至此,B737 方向舵控制异常问题最终得以彻底解决。

1.3　航班 427 事故的改正措施

1.3.1　改正措施

1. 方向舵的重新设计

根据航班 427 事故和后续事件的调查过程中对 B737 机型方向舵的深入研究，波音公司对方向舵系统进行了重新设计，FAA 也在 2002 年颁布的适航指令 AD 2002 - 20 - 07R1 中要求强制安装该新型方向舵。

重新设计的方向舵系统将主 PCU "一分为二"，两个 PCU 各自由单一的液压系统供给液压，且完全独立运行。主滑块和次级滑块也进行了重新设计，对液压油口进行重新隔离以避免卡阻引发液压油反转的可能，且避免了两级滑块的过度移动。新的设计同时增加了压力限制系统以降低方向舵在非起飞降落时的偏转。为了配合 PCU 的分割，新安装了扭力管，当任何一个 PCU 发生卡阻时用来吸收主控制杆上的压力。除此之外，当卡阻发生时系统将会：① 用一个力抵消卡阻的影响；② 当其中一个 PCU 卡阻，且与主 PCU 的运行方向相反时，备用方向舵系统会自动作动，使方向舵可以继续运行。最后，重新设计了偏航阻尼器耦合器，以纠正偏航阻尼器发生满偏和失效等问题。重新设计的 PCU 和新增的冗余部分如图 1.2 所示。

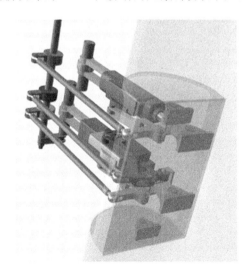

图 1.2　重新设计的 PCU

重新设计的方向舵系统被安装在 B737 机型的新一代型号中（B737 - 600、-700、-800、-900 以及-900ER 系列飞机）。对于 2002 年 11 月以前生产的机型（包括 B737NG），则实施了更换计划，并在 2008 年前全部完成。

2. 机组训练

针对机组缺乏异常高度飞行训练的问题,1998 年 NTSB 成立了一个联合行业小组,建立并开展了飞机非正常姿态恢复辅助训练。以该辅助训练作为一个基础和起点,随后大部分承运人逐步开始建立自己的训练计划,对机组进行非正常高度和高攻角恢复训练。

1.3.2　相关适航指令的演变

在航班 427 事故之后,FAA 累计颁布了 15 条相关的适航指令。

在 PCU 的设计方面,FAA 累计颁布了 12 条适航指令,这个过程也体现了人们对 B737 方向舵相关问题的认知变化过程。最早在 1992 年 11 月,由于几次方向舵控制异常事件,NTSB 对双同心伺服阀进行了一次设计检查,并认为次级滑块超行程可能引起方向舵反向。为此 FAA 在 1994 年 3 月修订了适航指令 AD 94 - 01 - 07,为方向舵 PCU 建立了新的检查标准,并要求在指令颁布 5 年内对所有 B737 安装重新设计的伺服阀,以解决超行程问题。在航班 427 事故调查过程中,帕克公司 PCU 试验揭示了次级滑块卡阻时主滑块超行程的危险后,FAA 在之后的 5 年内先后颁布了 AD 95 - 06 - 53、AD 96 - 23 - 51、AD 97 - 05 - 10 和 AD 97 - 14 - 03 等 10 个适航指令,要求更换重新设计的 PCU、进行更换前重复测试、安装新的方向舵行程限制装置等部件以及强制进行相关组件的定期检查。然而,在 1998 年新的伺服阀被发现存在开裂问题,并与 1999 年的两起航行中方向舵异常相关,经过一系列的测试,FAA 于 2002 年颁布了 AD2002 - 20 - 07R1,最终取代了之前颁布的一系列相关适航指令,要求所有 B737 系列机型在 2002 年 11 月 12 日起的 6 年内安装最新设计的方向舵系统。

除了 PCU 本身的设计问题,根据航班 427 的事故调查,FAA 于 1997 年颁布了 AD 96 - 26 - 07,对飞机飞行手册(AFM)进行了修订,加入可供飞行机组在非指令偏航或横滚时采取的正确措施以及纠正卡阻或受限飞行控制情况的程序,并于 2000 年颁布了 AD 2000 - 22 - 02 R1,对 AD 96 - 26 - 07 中某些 AFM 材料中不够清晰的描述进行了纠正。

至此,通过 8 年时间共 15 条相关适航指令,最终彻底解决了引发一系列 B737 事故和事故征候的方向舵 PCU 问题。

1.4　航班 427 事故背后的适航问题

在航班 427 事故的调查过程中,除了针对 B737 方向舵系统和飞行培训的调查外,NTSB 还表示了对 FAA 用于确定符合适航标准的审定过程的忧虑。根据调查结果,B737 系列飞机的审定基础 14 CFR 25 部并不需要更改,那么为什么在适航规章正确的情况下,经过适航审定的飞机仍会发生严重的航空事故?为此,NTSB 对

FAA 评估关键安全系统的适航审定程序采取了直接检查,并发现现有的适航审定程序存在缺陷:审定中的设计假设前提可能存在缺陷,在适航审定阶段人们对潜在安全问题的认知可能存在限制,以及在持续运行阶段事故发生的前兆可能被忽略。

1.4.1 设计假设前提的破坏

在全美航空 427 航班事故中,至少存在两个造成这起事故的有瑕疵的设计假设前提。

第一个假设是:在飞行包线中的任何阶段,方向舵完全偏转可利用副翼/滚转扰流板来控制。早期的合格审定讨论中,人们在处理方向舵失控故障或其他意外、完全偏转的可能性时,认为横向的控制系统有能力补偿方向舵偏转。直到这起事故的发生,人们才知道"交叉速度"的概念,即方向舵完全偏转抑制了横向的控制系统,使问题更加复杂。427 航班在遇到尾流以及随后发生完全的方向舵偏转时,几乎正好是交叉速度,因而飞机的控制非常困难。NTSB 最终认定,方向舵偏转可利用副翼/滚转扰流板来控制的假设不成立,方向舵完全偏转、飞行员对未知飞行控制异常情况的困惑和随后的失速共同造成了全美航空 427 航班飞机失控和坠机。

第二个假设是:在适航审定过程中,方向舵失控和卡阻被认定是极不可能发生的。然而,当时的 PCU 完全依赖一个由双液压系统提供动力的单一阀门,一旦发生卡阻,就没有任何内置的、自动的或固有的手段来缓解失效并保持飞行的平稳。为了弥补这一明显的设计缺陷,FAA 强制要求波音公司对 B737 系列方向舵系统进行重新设计,新的方向舵系统增加了设计冗余,因此也降低了卡阻及其导致问题发生的概率。

这两个设计假设帮助 B737 系列飞机的方向舵系统顺利地通过了型号合格审定,但设计假设前提存在的缺陷和错误可能导致飞机在某些特定的情况下失去控制,不能继续安全飞行和着陆,造成严重的航空事故。

1.4.2 认知水平的限制

由于人们对问题的认知是一个不断提高的过程,在没有既有知识和经验的情况下,无论是设计人员还是审定人员都没有能力在型号合格证审定阶段就对安全关键系统完整性和正确性进行正确的判断。

在航班 427 事故的调查过程中,FAA 的关键设计检查团队和 ETEB 发现多种潜在失效模式在最初审定过程中并没有被工程分析完整识别。此外,尽管一些问题在审定阶段已经被提出,但是由于当时人们对问题的认识不充分而被忽略。早在对 B737 - 100 的审定过程中,FAA 的审查代表就已经提出了方向舵系统伺服阀卡阻的潜在威胁,但由于认知限制,波音公司通过后来看来并不严谨的方法证明了方向舵系统不会因为单个卡阻而引发失控,并且即便由卡阻伺服单元引发了滚转也都可以用副翼和飞行扰流板等横向控制抵消,由此进一步证明了方向舵系统伺服阀卡阻的潜在威胁并不存在。在审定过程中,同样也是由于认知的限制,FAA 的审查人员最终接受了波音公司的这个解释,这也最终导致这个潜在的威胁发展成了航空事故。

1.4.3   事故前兆被忽略

根据调查,在全美航空 427 航班事故发生之前,至少有 1 起相关事故、多起相关事故征候以及多个事故征兆发生,但都没有得到充分关注。

1991 年 3 月 3 日发生的联合航空 585 航班事故与全美航空 427 航班事故最为类似。航班 585 在进近阶段飞机突然向右横滚,机长进行了缝翼 15° 的操作,随后飞机发生失控,最后坠毁。在调查阶段,NTSB 并没有确定最终的事故原因,仅仅认为"风轮"的天气现象或者方向舵或偏航阻尼系统的故障可能是造成事故的主要原因。直到对全美航空 427 航班事故的调查,才最终确定造成航班 585 事故的原因是与 427 航班类似的方向舵反转以及失控。

除此之外,在 427 航班事故发生之前,适航部门曾经多次接到了飞行员关于方向舵非指令移动的相关报告。这些相关事故征兆为提前识别且避免事故的发生提供了可能,但不幸的是在 427 航班事故发生之前并没有引起重视。

1.5   总结和引述

整个全美航空 427 航班事故的调查过程历经 8 年,先后颁发了 12 份适航指令,对 B737 机型方向舵系统的改进设计起到了巨大的推动作用。迄今,FAA 已经对 B737 机型颁发了近 1 000 份适航指令,解决了一个又一个不安全状态,避免了一次又一次可能的事故。B737 的方向舵系统安全问题的解决相对于 B737 型号在整个生命周期内安全问题的解决只是冰山一角。通过卓越的、长期的、艰苦的努力,B737 机型才成为了当今世界上一款成功的机型。

值得注意的是,1965 年,在 B737 型号审定期间,FAA 虽然就方向舵的安全提出了关切,但囿于当时的认知和工程实践,不能通过型号合格审定来解决型号设计和适航要求之间完全意义上的客观上的符合,通常所说的"符合"是基于工程分析和试验基础上的,是在专业的人员认知范围内的主观判定。"客观符合"和"主观判定符合"可能的不一致性,过去存在,现在存在,将来依然存在。各种飞行事故已然表明航空产品合格审定过程中的预设和预判不充分的可能性是不可避免的,人们的认知是一个不断提高的过程。具体地说,由于在标准制定或标准符合方面可能存在未探明的变化,设计缺陷和制造缺陷可能引起不可预计的综合失效,以及可能存在意料之外的操作条件或者环境条件等不确定因素,航空产品的安全风险水平往往会高于设定的标准。

如上所述,我们不能通过"主观判定符合"的方法来解决所有航空产品的安全问题,以避免航空事故,那么我们真的只能坐以待毙,等待事故发生后再采取行动来规避事故的再次发生吗? 如果这样的话,将是航空业的一个大的灾难。事实上,统计数据表明绝大多数事故发生前都会有前兆事件,在征兆发生时进行识别,并对其风险进行评估和控制,这对避免严重航空事故的发生意义重大。因此,人们提出了飞机投入运行后,运用前兆识别的方法,即在发生事故之前通过前兆数据的收集、分析和处理,进行不安全状态的判别和缓解。

早在 20 世纪 70 年代之前,美国的航空器制造厂家就已经建立了专家队伍来评估航空器运行过程中出现的故障、失效和缺陷对飞行安全的影响,并根据评估结果制定相应的改正/改进措施,不断提高飞机的安全性和可靠性。

近些年来,定量分析方法在控制安全风险水平的方面有了很大的发展,这种方法是通过对不利于持续适航的信息进行全面的收集、分析和评估来精确地判定实际的安全风险水平,并在此基础上决定是否采取必要的措施。航空器制造厂家围绕这些方法成立了相应的组织机构,建立起了一套完整的标准和规范,形成了较为完善的体系,实施对飞机和整个机队全面的管理,保证航空器的持续运行安全。

除此之外,在基于前兆识别和风险管理的持续适航过程中,在役飞机的不安全状态不断被识别出来并被消除,同时通过持续的经验总结,可以促进相关航空产品的适航要求和标准发展的需求输入,并在下一个机型的设计以及设计符合性的验证和判定中给出有益的借鉴,这样航空产品就可以在合格审定的过程中规避已经认识到的不安全设计特征或细节,以此不断迭代优化。

这种通过对前兆的收集,识别并消除飞机或机队不安全状态的过程,我们称之为持续适航。"持续适航"这个名称在航空业界有着宽泛的理解,除了上述表述外还包含以下几个方面的理解:

① 将持续适航理解成一种航空器符合适航要求的状态,而不是一种过程。

② 将以航空产品维修为目的的文件、手册或程序等的编制和颁布活动称之为持续适航,它是针对特定的产品,按照适用的标准、方法和流程来识别恢复符合批准的设计技术状态的"过程",并通过交付用户文件的方式对"过程"所涉及到的描述、数据、要求和程序予以阐明,以保证航空器在使用寿命内符合其批准的设计技术状态。这个过程主要在型号合格审定阶段完成,用于航空业内熟知的包括适航限制项目、审定维修项目、维修大纲、维修手册等文件的编制。

③ 将航空器运营人为了将航空器恢复到其批准的设计的状态而采取的一系列维修工程类活动,称为持续适航,主要包括维修计划文件的制定、预防性维修措施的制定、临时修理方案的制定,以及一些加改装活动等等。

④ 将维修单位按照批准的文件开展的修理活动的质量管理的内容称之为持续适航,它是以质量为核心,围绕人、机、料、法、环一系列的规定和活动,主要包括手册程序、维修文件、工卡、设备设施、人员资质、人员培训等各个方面的管理活动。

即使是针对识别并消除飞机或机队不安全状态的过程,各个国家、地区或企业习惯使用的名称也不相同。例如,美国联邦航空局习惯称之为"持续运行安全

(Continued Operation Safety)"或"机队安全(Fleet Safety)",波音公司称之为"在役安全(In Service Safety)",欧洲航空安全局称之为"型号设计的持续适航(Continued Airworthiness of Type Design)",空客公司称之为"产品安全(Product Safety)"或"持续适航(Continued Airworthiness)"等等。

　　本书无意改变或者试图统一航空业内人们长期形成的对"持续适航"宽泛而含糊的理解,我们认为国际民航组织公约附件八中第四章"持续适航"的名称贴切地诠释了其表达的内容,因此我们给这本书取名为《持续适航导论》。本书所述的"持续适航"不包含为识别并消除机队不安全状态的过程之外的其他含义。持续适航的目的是在飞机发生事故之前就采取措施避免事故的发生,除此之外没有其他目的。另外,针对已经发生的航空安全事故或事故征候的调查也不在本书中进行阐述。

第2章　航空安全和适航

2.1　航空安全

2.1.1　航空安全的概念

20世纪航空业在技术方面取得了举世瞩目的巨大进步。如果不是在控制和降低航空安全危险方面也取得了类似的成就,航空业技术是不可能取得如此大的进步的。由于航空业在许多方面会导致损害或伤害,因此,从飞行的初期开始,航空业内人士就一直特别关注事故的预防工作。规范地应用最好的安全管理措施,能够大大降低航空事件发生的频率。

依据看问题角度的不同,航空安全概念可能有不同的含义,例如:

① 零事故(或严重事故征候),这是大众普遍持有的一种观点;

② 免于危险或风险,即免于引起或可能引起伤害的因素;

③ 员工对待不安全行为或状况的态度(反映企业的"安全"文化);

④ 航空业固有风险的"可接受"程度;

⑤ 危险识别和风险管理过程;

⑥ 事故损失(人员伤亡和财产损失,以及对环境的损害)的控制。

尽管消除事故(和严重事故征候)是人们渴望的,但百分之百的安全率是达不到的。即使尽最大的努力来避免,还是难免发生失效和差错。没有任何人类活动或人造系统能保证绝对的安全。安全是个相对的概念,因而"安全"系统中的内在风险是可接受的。

国际民航组织对航空安全的定义为:"航空安全是一种状态,即通过持续的危险识别和风险管理过程,将人员伤害或财产损失的风险降至并保持在可接受的水平或其以下。"国际民航组织将航空安全的概念引申为一种状态,可以看出,安全就是风险可以接受、风险较小或风险得到控制。

影响飞行安全的因素主要是三个方面:人、机、环。

① 人为因素主要包括飞行员、空中交通管制人员、维修人员和相应人员等,在飞行安全中属于主动行为。上述人员在各自领域具备熟练技能可以避免导致事故或灾难的飞行操作错误。因此,国家必须赋予特殊公共机构相关的责任义务,以确保上述人员在专业培训、技术和程序更新,以及心理和身体素质方面处于一个适应的水平。

② 机是指飞行器本体。飞机结构和功效的完整性是飞机安全的重要保障。国家赋予特殊公共机构相关责任,确保该机型的运行和操作说明符合飞行安全标准。特别指出,这些影响飞行安全的因素依据情形具有层次之分,而不是并列关系。

③ 环即环境,涵盖了对飞机飞行产生影响的所有外部因素,包括气象条件、空中交通状况、通信、机场等等。环境评估的目的是要避免可能危及飞机本体的情形,即考虑正确的飞行气象信息、纵向和横向气流分离规则、合适的机场条件等等。

民用航空中所指的"安全"与传统意义上的"安全"是不完全相同的。传统意义上"安全"的概念就是"无危则安,无缺则全",其含义是尽善尽美,没有事故,没有风险。事实上,不存在任何人造系统的绝对安全。随着对系统安全研究的逐步深入,人们从系统安全的角度对安全进行定义:安全指的是系统处于这样的一种状态,通过系统持续地识别危险源和进行风险管理,使人员伤害或财产损坏的风险降低到并保持在公众可接受的水平。可以从以下两方面更好地理解安全的含义:

① 安全和风险之间存在辩证关系,即安全与风险互不相容。当系统的风险降低到某种公众可接受的风险水平时,该系统便是安全的。

② 安全的相对性。某系统是否安全,是人们对从事该类活动的主观评价。当人们认为该活动的危险程度可以接受时,则这种活动的状态是安全的。不存在危险因素的系统或活动几乎是没有的,万事万物都普遍存在着危险因素。例如,人走路都存在摔跤的危险,只不过是该因素发生概率大小和轻重程度不同而已。

安全是与公众可接受的风险水平相关的,可接受的风险水平又与经济发展状况有关。例如,不同国家对风险可接受的水平是不一样的,发达国家对风险的接受水平应该低于不发达国家,这也是为什么不同的国家的安全目标是不同的。

世界各地区的民航安全水平差异显著,具体如图 2.1 所示。2000—2004 年,全球 2 250 kg 以上固定翼航空器定期航空运输致命事故率(每百万飞行小时事故次数)平均为 0.8,而非洲地区最高达到 5.0,是世界平均数的 6 倍多。亚洲和太平洋地区的平均事故率为 1,略高于世界平均水平。欧洲的事故率为 0.6,北美地区(美国和加拿大)为 0.4,均低于世界平均水平。

国际民航安全水平随着安全技术能力和航空安全意识的提高而不断提升,图 2.2 给出了 2010 年的世界不同地区的民航安全水平,其中我国民航安全水平显著提高,这与我国机队的总体役龄特点存在一定的关系,但更说明了我国民航安全管理水平的提高。

由此可见,非洲是目前民航安全形势最差的地区,但非洲公众接受了这个风险水平,仍选择乘坐飞机。如果这个安全形势发生在美国,美国公众不能接受这个安全水平,那么公众出行不选择乘坐飞机,则会影响到美国民航的发展。

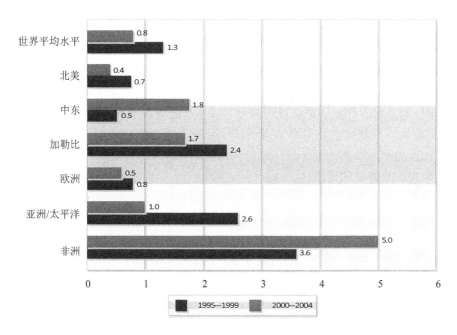

图 2.1　按地区划分的 2 250 kg 以上固定翼航空器定期航空运输飞行致命事故率

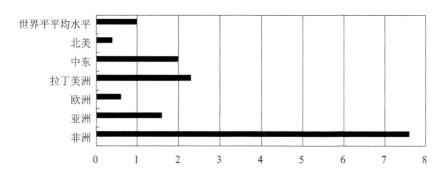

图 2.2　2010 年按地区划分的航空运输离港飞行事故率

2.1.2　航空安全的管理

1. 航空安全管理的必要性

在航空界里有一种误解,那就是不管航空组织提供什么性质的服务,安全在航空组织所追求的目标里都是被优先考虑的。这一误解逐渐发展成为普适的思想:在航空领域,安全至关重要。由于这种想法认可了生命无尚崇高的价值,不论从社会上、伦理上还是从道德上来说,它都是无懈可击的。

　　所有的航空组织,不管它们是什么性质,都带有商业色彩,只是程度不同罢了。因此,所有的航空组织都可以被视为商业组织。一个商业组织的最基本目标是提供组织所创造的服务,达到生产目标,并最终使持股者得到分红。

　　没有任何航空组织是只提供安全的。航空是大众最安全的运输模式,也是人类历史上最安全的社会技术生产系统之一。尽管极少发生重大航空灾难,但是较小的灾难性事故和各种各样的事故征候却较经常发生。这些较小的安全事件也许正是安全隐患的苗头。忽视这些潜在的安全危险,可能会为更严重事故数量的增加创造条件。

2. 航空安全管理的过程

　　航空安全管理的过程主要有如下 8 个基本组成部分:

　　① 高级管理层对安全管理的投入。安全管理,如同其他的管理活动,需要对资源进行配置。在所有的组织中,资源配置是高级管理层的职能,因此高级领导层对安全管理的投入是必需的。更明确地说:没有资源,就没有安全。

　　② 有效安全报告。俗话说,巧妇难为无米之炊。为了对安全进行管理,组织需要关于危险源的安全数据。大部分数据可以通过运行人员的自愿和自我报告来获取。因此,创造一个有利的工作环境,使运行人员能够有效地递交安全报告是非常必要的。

　　③ 持续监控。这种监控是通过日常运行中有关危险源的安全数据收集系统来完成的。但是,安全数据收集只是第一步。除了收集外,组织还必须对数据进行分析,从数据中得到关于安全的信息和情报,因为获取了数据然后把它们锁在抽屉里的话,数据就压根不是数据了。另外,与日常操作系统的工作人员分享安全信息和情报是非常必要的,因为正是他们与那些组织想要消除的危险源有着持续的接触。

　　④ 安全事件的调查。调查的目的是确定系统的安全漏洞在哪里,而不是问责。了解"为什么发生"比确定"是谁干的"要重要得多。把系统漏洞消除掉,要比解雇"不合适"的个人更能有效地加强系统的活力。

　　⑤ 分享有关安全的教训和最好的实践方法。这是通过积极交换安全信息来达到的。这里也有一句俗语,可以很好地解释数据分享和信息交换的必要性:"从别人的错误中学习,因为你不可能长寿到犯下所有的错误。"航空业有着分享安全数据的良好传统,这一传统必须得到保持,并尽可能地加强。

　　⑥ 整合对运行人员的安全培训。对运行人员的培训很少包括详实的安全培训。航空业一直有一个假设,那就是因为"安全是每个人的责任",运行人员应该自行成为安全专家。很明显,这是一个谬论,在第 7 章我们将详细地讨论这个问题。在运行人员培训的各个层次上,都应该包括关于安全管理基本知识的培训。

　　⑦ 对标准操作程序(SOP)的有效执行,包括使用检查表和简报。SOP、检查表和简报,不管是在机舱、飞行交通控制室、维修企业或机场坪,都是运行人员履行其日常职责的最有效的安全手段。它们对组织来说是是有力的命令,取决于高级管理层

希望系统以何种方式运行。对 SOP、检查表和简报进行符合实际的、恰当的持续填写,其安全价值不应受到低估。

⑧ 不断完善所有的安全层次。安全管理不是一日之功。安全管理之战不是常规战:每个人都知道前线在哪里,一场主要的战役就能决定战争的结果。安全管理之战类似于游击战:前线是不确定的,敌人并不总是明显的。这是一场持续的活动,只能通过持续的完善来保证成功。

贯彻这八个组成部分,就会形成一种组织文化,这种文化培养安全的操作习惯、鼓励有效的安全沟通、开展积极的安全管理。

3. 航空安全管理的责任

航空安全管理的责任可以分为如下四个领域:

① 确定有关安全的政策和程序。政策和程序是反映高级领导层决定如何运行系统的命令。政策和程序的明确,能够为运行人员提供清晰的运行指导,运行人员可按此进行符合组织要求的日常操作。

② 为安全管理活动配置资源。安全管理要求资源。资源的配置是管理的职能之一。管理层是具有权力的部门,因此有责任为安全管理配置资源,以消除影响到组织能力的由危险源引起的安全风险。

③ 采用最完善的行业实践。航空业关于安全的传统,我们已经讨论过。它导致了对健全安全操作的持续发展。航空业还有一个传统,那就是通过正式和非正式的两种渠道来交流安全信息。这两个国际民航良好的传统必须得到加强,并以此来培养最完善的行业实践。

④ 整合关于民航安全的规章制度。有一种误解,认为安全管理会使现行的规章框架变得无用或没有必要。这是一种必须用严厉词汇批判的误解。规章制度是安全管理的基石。事实上,合理的安全管理只能从合理的规章制度中发展出来。

2.2　航空产品安全

2.2.1　航空产品安全的概念

航空产品安全是航空安全的基础,航空产品的结构和系统功效的完整性和正确性是航空安全的重要保障。

产品安全是指客观事物的危险程度能够为人民所普遍接受的状态,其目的是消除人的不安全性行为及产品的不安全状态,把人员的伤亡和产品的残损降低到最低程度。因此,产品安全性可以理解为:产品系统在可接受的事故风险条件下发挥其功能的一种品质,可以理解为"不发生事故的能力"。

根据事故致因理论,事故的发生总是要围绕着"人、机、环"之间的相互作用。产品安全性研究的是从产品本身性能的角度,如何把事故风险降到最低或可接受的水平。因此,航空产品安全性强调的是从航空器的因素考虑,通过各种手段提高产品不发生事故的能力,即使在人发生误操作、设备发生故障或环境发生变化时,航空产品也能在这种非预期的条件下,依靠本身的安全设计和"安全关口前移"等将事故风险控制在可接受水平。

航空产品自身的结构以及功效的正确性和完整性是航空安全的重要保障,没有其产品自身的安全,航空安全就无从谈起。为了说明航空产品安全就必须说明以下三个问题:

① CCAR-21《民用航空产品和零件合格审定的规定》中定义航空产品是指航空器、航空发动机和螺旋桨。航空工业界人们对航空产品有着更加广泛的理解,除了规章的定义外,航空产品可能指机载设备、元器件、零部件甚至航空材料。无论哪种理解,对航空产品安全的认识都必须回归到航空器作为一个整体进行考察或评估。

② 脱离预期的环境来讨论航空产品的安全是没有意义的,这些预期的环境包括自然环境、机场、航路情况,飞行、空管和维修等人员培训和技能情况以及与航空安全相关的程序设定等等。因此,即使同一个航空产品,它在不同的预期环境下,状态也可能是变化的。

③ 航空产品安全首先针对的是一个产品,产品就有生命周期,这个周期一般包括设计研发、生产制造、投入运行、最终报废等阶段,在产品生命周期的每个阶段对于其本身安全的考察和评估的过程和方法不同,我们不能用某一个阶段的评估结论来否定其他阶段的结论;同样,我们也不能用一个阶段的结论来替代另一个阶段的结论,航空产品安全的重点是安全问题的解决,而不是责任追究。

因此,航空产品安全就是航空器在预期环境中能够安全飞行和着陆的一种状态。这样就带来一个问题,预期的环境千变万化,没有一个特定的理解和规定,航空器本身极其复杂,其功效内在的客观规律无法完全探明,航空产品安全的状态就很难被评估。这个问题的核心就是产品安全如何去考察的问题,这需要通过航空产品安全的过程来实现。

对于航空器而言,其产品安全性要求非常高,而且由于航空器非常复杂,由成千上万个部件组成,因此,其安全状态不能像普通产品一样,仅通过相对简单的技术手段和方法就能够进行评估确认。所以,在国内外的航空工业中,为了保证航空器的安全状态,都需要建立一套标准和方法来落实航空产品安全。

2.2.2　航空产品安全的过程

如前所述,航空产品安全必须贯穿于产品设计到投入使用直到最终报废整个生命周期,这个周期包含了设计研发、生产制造、投入运行、最终报废等阶段。这些阶段对航空产品安全的管理相互独立,又相互联系,是通过航空产品的安全过程来实现的。航空产品的风险由两部分组成:总体的3/4是基本设计风险;其他的1/4形成了一个容许量,用于个别飞机整个寿命内无法预料(或未知)的各种情况。因此,从整个过程来看,主要分成两个部分,即管理过程和保证过程,分别用于控制基本设计风险和无法预料的风险。每个部分按顺序完成描述/环境、规范、分析、评估、行动等五步工作,详细步骤如图 2.3 所示。

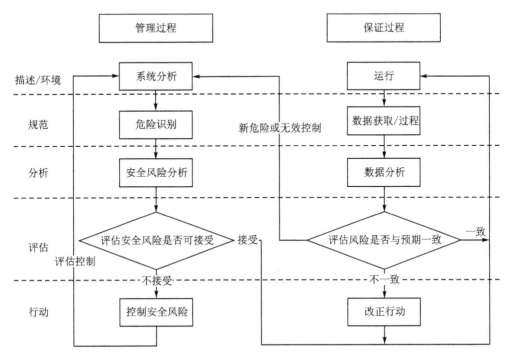

图 2.3　航空产品安全过程

1. 航空产品安全管理的过程

航空产品安全管理的过程实际上就是在航空产品设计制造阶段,一个通过满足规章要求来控制基本设计风险的过程,即根据系统的设计特点进行安全性分析,以评估是否满足安全风险要求,如不满足则采取包括设计更改、使用限制、维修保障等弥补措施。具体的管理过程包括:

第一步是描述/环境,形成航空产品的设计及其特点以及预估预期的环境假设。

第二步是规范,针对足够的、适当的设计信息,确定与安全相关的技术要求和标准,用以识别在假设的环境内可能存在的危险。

第三步是分析,这一步主要是针对特定的设计是否满足确定的相关安全的要求或标准而开展的一系列工程分析和试验活动。

第四步是评估,对于第三步的结果进行评估或者判定,确定设计在预期环境之下可能存在的安全风险是否能够被接受,如果能够被接受,那么我们就认为产品可以投入运行。

第五步是行动,如果不能被接受,就应该采取重新设计等措施并重新评估假设的环境。

以上五个步骤相互迭代往复,直至航空产品能够投入运行。在这个阶段,如果我们只是从航空产品安全本来的定义出发,对安全状态进行全面的评估和考察,就存在几个不能解决的问题：

① 由于航空器的结构和系统设计的复杂程度,不能在航空器内在功效特征和外部表征之间构建完全正确的关系,不能建立用于状态评估的可靠的表征。

② 由于是在不同的预期环境下,航空器不同的内在功效特征所表现的安全状态也不确定。

所以,在这个阶段使用安全状态评估的方法,其评估本身就是不确定、不能行和不可行的,同时评估工作量巨大,产品开发将遥遥无期,产品的设计无法确定,必将阻碍航空业的发展。为了解决这个问题,必须建立一个相关航空产品安全的技术标准,建立一个既能保障飞行安全,又能推动行业发展的航空产品安全的技术标准是能够开展航空产品安全管理的必要前提。这个标准必须包含以下几个方面的考虑：

① 地球大气物理知识和经验的认知和积累,对于航空器运行的自然环境有一个估计,为航空器的自然环境提供了一个预期的假设。

② 航空器的运行环境的确定,包括机场航路情况,飞行、空管和维修等人员培训和技能情况,以及航空安全相关的程序设定等等,相关的民航组织公约附件、各个国家的规章及其规范性文件构建了统一的、强制的、最低的要求,这些为航空器运行环境的假设成立提供了必备的前提。

③ 航空器结构和系统特性的认知,相关的可靠的工程设计数据和经验的取得,并对不安全设计特征和细节有足够的认识。

④ 已经被实践证明了的可靠的安全分析的要求,这个要求是源自于系统部件普遍的工程经验、试验或分析的可靠性指标,给出了系统失效模式、影响及可能性的预测。

⑤ 航空器的实际用途对航空安全的影响。

⑥ 能够用试验或者数据统计的方法来证明航空器的设计符合标准涵盖的要求。

⑦ 航空器的安全和经济性之间的平衡关系,为此,这个标准应该是最低的相关安全的标准。"最低"一方面表明这个标准是公众所能接受的最低水平,再低于它,公众就不接受；另一方面说明这个标准并不要求对航空器功效内在规律的完全的探究。

国际民航组织(ICAO)附件八"适航"中第一、第二和第三章及附录规定了具体职责、内容和技术标准,更加详细的内容可以参考 FAA、EASA 和 CAAC 的 21 部规章以及相应的技术标准规章。这些技术标准的建立为预期环境的假设的确定,也为航空器结构系统功效是否符合这个标准的判定提供了基础和可能。

由此,在这个阶段航空安全的管理过程从安全状态的评估转变为对航空器是否符合某个或者某些技术标准的判定,人们通过判定航空产品是否符合技术标准来表达对航空产品安全状态的一个确认。这个符合的确认被分成两个步骤来完成,第一步是航空产品的设计符合标准的要求,第二步是生产出来的产品符合产品的设计。

2. 航空产品安全保证过程

航空产品安全保证过程实际上就是在航空产品的使用维护阶段,一个通过识别使用维修中的不安全状态来控制无法预料风险的过程,即在航空产品投入运行后,在特定的环境下,通过识别潜在危险进行安全性分析,以评估是否在安全风险控制范围内,如不在,则采取相关的缓解措施。具体的管理过程包括:

第一步是描述/环境,确定运行的环境以及航空产品的技术状态;

第二步是规范,按照航空产品的设计特点,确定可以识别在真实运行环境中产生危险的前兆标准,并对这些前兆或数据进行收集;

第三步是分析,这一步主要是针对收集到的报告,开展一系列的飞机或机队的安全分析,确定飞机或机队是否存在不安全状态,并对其根原因进行调查;

第四步是评估,对于第三步的结果进行评估,如果出现新的危险或者风险不能有效控制,将回归到管理过程重新设计;

第五步是行动,如果评估结果能够被接受,则飞机和机队不受影响;否则采取临时或者永久的措施缓解或消除风险。

以上航空产品安全的保证过程,国际民航组织附件八第四章“持续适航”,附件十三中规定了工作职责和工作内容,更加详细的内容可以参考 FAA、EASA 和 CAAC 的 21 部规章以及相应的行业标准,例如 SAE5150\5151。

在这个阶段,不同于设计研发阶段,航空器的环境是可以确定的,航空器相关的功效已经经过相应符合性的判定,不利于飞行安全的征兆也是确定的,所以在这个阶段航空产品安全的评估是基于征兆或者前兆,也就是我们常说的“故障、失效和缺陷”,通过这些征兆来识别航空器可能存在的不安全状态,而不是通过对航空器安全状态进行全面的评估,以给出是否安全的结论,也不是通过判定是否符合某个技术标准来表达航空器的安全状态。这个阶段,航空产品安全管理的内涵是对航空器是否存在不安全状态进行评估和识别。当然,在没有征兆或前兆的情况下,工程师不再基于假设进行分析和评估。一般认为航空器投入使用后,对其是否存在不安全状态进行评估,应满足以下前提条件和特征:

① 疲劳特征是基于试验支持的分析结果;

② 建模技术已经应用到飞行手册的性能计算;

③ 系统安全性分析给出了系统模式、影响及可能性的预测;

④ 系统部件可靠性指标源自于普遍的工程经验、试验或分析;

⑤ 机组成员有足够的技能按程序正确操作,并且飞机是按照维修方案维护的。

为了开展航空器不安全状态评估和识别,相应的职责程序以及方法途径也就孕育而生,“持续适航”的概念和内涵也就产生了,涉及的持续适航内容将在本书后面的章节作详细阐述。

当然,航空产品安全的管理并不能独立地、自成体系地开展,它是和整个航空安全管理紧密相连的,所有的管理离不开安全管理的目标。通过安全目标的设定,通过政策的制定,建立相应的适航程序,才能开展高效的、高质量的管理活动。适航程序是适航政策的一个重要的表现形式,本书2.3节中将详细介绍。

2.3　适　　航

2.3.1　概　念

适航性在辞典中的定义：Fit to Fly，航空器适合在空中飞行的性质。

航空器适航性的定义（维基百科）：适航性是航空器适合于安全飞行的一种度量。航空器的适航性通过国家民航当局颁发适航予以认可，同时，通过实施必需的维修保养以保证航空器持续适航。

SAEARP4761《民用航空机载系统与设备安全性评估方法与指南》中，将适航性定义为：航空器、航空器系统或部件安全运行并完成预期功能的一种状态。美国科学院《改进航空安全性》中给出的定义：“适航性是航空器在经申明并被核准的使用限制之内和预期的使用环境中运行时，其本体（包括各系统、部件、操作等）的安全性和物理完整性。”

德国民航当局（Luftfahrt-Bundesamt，LBA）对适航性的定义是：“航空器的设计、制造符合于可接受的安全标准和达到适当的要求（在预期的使用环境中和在经申明并被核准的使用限制下），并具有可接受的与大纲一致的维修。”

《国际民航公约》附件八和美国联邦法典 CFR14 - 3.5 中对航空器的适航性定义为：航空器、发动机、螺旋桨或部件符合其被批准的设计并处于满足安全运行条件的状态。

适航性早期就与政府机构对航空器安全性的管理和控制联系在一起。航空器最早应用于民用航空活动是邮递航空（通过送信或送货来获取利益）。由于受生产力水平的制约，航空器技术水平较为落后，随着民用航空运输活动的增加，事故也在不断发生。据统计，在 1935 年美国的空邮服务期间，第一批 40 名客机飞行员中，死于飞行事故的有 31 人，飞行员的平均飞行寿命只有 3 年。因此，民航一度被人们称为“冒险者的事业”。由于航空器坠毁砸坏了地面民房，甚至砸死了地面人员等，使公众的利益受损。为了维护公众的利益，政府开始制定民用航空器的飞行品质标准以满足飞行安全（即“适航”）要求，以及制定满足适航性应该符合的相应标准（即“适航标准”），然后检验航空器是否满足这些标准（即“适航检查”），并给符合要求的适航器颁发证件（这个证件就是适航器适航证）。获得政府颁发的有效证件，适航器才可以合法运行。这种政府管理是民用航空管理的最早形式，也是适航管理的雏形。因此，民用航空器的适航不是仅满足航空器的设计、制造需求，也不是出于学术研究的需要，更多的是出于民用航空立法以及维护公众利益的需求。

飞机适航的概念源于对于航空器本身安全性的要求。该概念最早由美国提出，目前，美国已建立起较为完整的适航体系，分别从整个航空运输的层面和航空器的技术层面两方面进行安全审定，对各类型旋翼机、商用飞机、航空发动机等都制定了具体的适航审定标准。基于航空安全，适航运用相关理论方法、法规管理及工程技术手段来保障航空器全寿命周期内运行过程中的安全。适航是安全运行的基础,安全是适航的目标。以保障航空器的安全为目标,航空器的适航管理是政府适航部门在制定各种最低安全标准的基础上对航空器的设计、制造、使用和维修等环节进行科学统一的审查、鉴定、监督和管理。因此,适航标准也是最低安全标准。"最低"有两层含义,一是表明该标准是基本的、起码的;二是表明该标准是最经济的。适航标准中处处都体现安全与经济的平衡,不切实际地盲目地追求安全性则不利于航空业的发展;片面追求经济性而安全得不到保障,飞机失事将造成巨大损失。

在航空产品研发阶段,安全性设计评估技术涵盖了航空器的设计、制造过程,要保证航空安全,首先要保证航空器满足适航标准。在航空产品投入使用阶段,持续适航管理融合了现代的安全审计与风险管理理念和方法。适航是航空器在一定预期运行环境和使用限制下能始终保持安全性和物理完整性,始终处于符合其型号设计的安全运行状态。适航是安全运行的基础,源于安全,安全是适航追求的目标,彼此交叉融合,在航空器运行管理中相辅相成,互为补充。

适航不是出于理论或者学术的研究需要,也不只是出于设计制造航空产品的技术方面的需要,而是出于保障飞行安全、维护公众利益、促进行业发展的需要。早期航空技术不发达,事故频发,公众和航空工业界要求政府做出规定,禁止不安全的飞行。所以,适航从一开始就与政府对航空产品安全的管理控制联系在一起。

适航和适航性不能混为一谈,适航性一般指航空产品的内在固有品质,但适航的内涵要广泛得多。适航性是个抽象的、物理的、全过程的集合,可以这样理解:民用航空器的适航性是指该航空器包括其部件、系统整体功效和性能操纵特性在预期运行环境和使用限制下的安全性和物理完整性的一个品质。

概括地说,适航是指航空器的设计符合适航要求,航空器符合其批准的设计,并且始终处于安全运行状态的全部过程,以及相关的一整套适航程序和适航标准的总和。因此,适航的内涵主要包括两个要素:

① 适航程序。国际民航组织附件八针对设计国、制造国和登记国的职责,以及管理要素和要求进行了详细的规定。各个国家针对不同主体(包括适航管理当局、设计制造机构、运行单位等)制定相应的法律、规章和程序,进一步明确了各自的职责、义务和要求,并对管理要素、管理方式和管理流程进行了详细的规定。适航管理程序是开展相关适航活动的基础,如果脱离这个程序,所有具有适航特点的活动将是无组织化的、学术性的、个人兴趣的和无意义的。

② 适航标准。它是指为满足适航管理程序中规定的技术要求,确保航空器在一定预期运行环境和使用限制下能始终保持安全性和物理完整性,始终处于符合其型号设计的安全运行状态。这个技术要求,还必须兼顾公众的利益和促进行业的发展。如果没有适航标准,适航程序规定的相关活动就是"空中楼阁",适航管理所需秉承的目的"保证航空安全,维护公众利益,促进行业发展"也就只能是画饼充饥。

因此,适航实质上是航空产品整个安全过程的要求和行动的一种体现,针对不同的航空产品,适航在程序和标准方面可能采取不同的做法。适航是针对航空产品安全的,无论是程序或是标准都必须考虑整个航空工业的发展实际,具有很强的航空工业实践的烙印。在航空器的设计制造阶段,显然可以从以往航空器成功的实践经验以及事故教训正反两个方面进行积累,并将积累的经验教训等转化为标准,作为航空器需达到安全状态的最低要求,从而保证设计制造出来的航空器的安全状态能为大众普遍接受。因此,如何符合这些标准要求就成为航空器设计制造阶段保持航空产品安全的核心内容。在航空器的运行阶段,一方面通过维修保持航空器设计预期的安全性水平;另一方面通过对航空器不安全状态的识别,及时采取改正措施以防止事故的发生,使机队的安全水平控制在可接受的安全水平上。

从这个意义上讲,永远是航空工业实践和发展需求推动或促进适航。随着航空工业的不断发展,航空工业犹如一艘航行的巨轮,适航则是屹立于礁石上的灯塔,警示暗流、浅滩和暗礁。所以,适航所包含的程序和标准必须和航空工业的发展相匹配,不能脱离工业实践谈适航,也不能脱离适航只谈工业实践。适航活动贯穿航空产品从设计、制造、使用、维修直至退役的全寿命周期,其目的是保证民用航空产品的适航性,这成为保证民用航空安全的一个必要的重要的基石和前提。在中国发展大型国产客机的道路上提出"适航先行"的理念,这个理念的实质就是要求建立完善的适航程序和标准,开展国际一流的适航审定工作,维护公众利益的底线要求。这个理念的实施之路也就是民用航空工业高质量发展的必由之路。

除此之外,适航作为整个民用航空管理的一个组成部分,除了承担航空产品安全相关的任务之外,还将环境保护、国籍登记、化学产品、航空油料、委任代表等纳入管理的范畴,同时还考虑了与航空事故调查、航空安保、飞行标准、航空产品进出口等要求相协调的管理要求。因此,民用航空管理、航空安全管理、航空产品安全管理、适航之间的关系示意如图 2.4 所示。

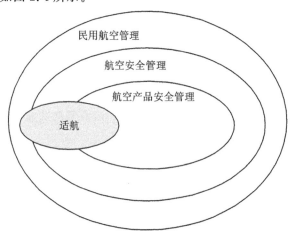

图 2.4 民用航空管理、航空安全管理、航空产品安全管理、适航之间的关系示意图

2.3.2　适航程序

适航活动是航空产品安全全寿命活动的一个重要的组成部分,航空产品安全的研究范畴包括以下四个方面:

① 航空器产品本身的安全性问题;

② 外界环境的安全性问题;

③ 人员的安全性问题;

④ "人-机-环"界面之间的安全性问题。

研究以上范畴的问题需要贯穿于航空产品的全寿命周期,包括方案论证、设计、试验、制造、使用直至报废处理等各阶段。适航作为整个民用航空管理的一个组成部分,必须建立相应的适航程序来解决以下问题:

① 适航活动的对象;

② 适航活动的内容以及相应的职责界定;

③ 适航活动管理的方法和要素;

④ 适航活动流程的确定;

⑤ 为解决以上问题所要确定的公约、法律、规章、规范性文件或者协议。

由于航空产品本身的复杂性、运行环境的不确定因素以及航空产品生命周期各个阶段的不同特点,航空产品的全寿命周期的绝对安全是不可能和不切实际的。同样,在整个生命周期内不同阶段采用一种方法对航空产品的安全进行管理也是不科学和不可行的。所以,适航活动的对象和内容是针对航空产品全寿命周期的特点进行设定的,主要包括设计方面、制造方面、产品方面和持续适航方面。

1. 设计方面

首先要做的是针对设计确定适航要求,通过一系列能行和可行的工程活动,在有穷的步骤内,采用合理的说明分析、实验试验、机上检查和试飞等工程手段来证明这个设计符合适航要求。

在这个过程中主要涉及两个不同的主体,即适航审定机构和设计机构。适航审定机构代表设计国对设计机构提交的,为证明符合相应适航要求的,包括为说明航空器设计所必需的图纸、规范、报告和文件证明,并证明符合相应适航要求的设计方面。航空器必须经过认为必要的检查以及地面和飞行试验,以表明符合相应适航要求的设计。适航审定机构收到相关满意的证据后就对相应的设计进行批准。

针对不同的航空产品类型的设计方面,适航活动为实现管理上清晰高效,设计批准的管理主要通过颁发相应的证书或批准书的方式来实现。针对航空器、发动机和螺旋桨颁发型号合格证(TC),针对特定的设计更改颁发补充型号合格证(STC),针对具有技术标准规定项目(TSO)颁发技术标准规定项目批准书,针对非原厂制造厂家(OEM)设计制造的零部件颁发零部件制造批准书(PMA)。所有的设计批准都要追溯到相应的证书或者批准书的管理,证书或者批准书的持有人的权利和义务也都追溯到相应证书或者批准书的管理规定。

2. 制造方面

通过质量管理的方法及一系列质量管理的程序来保证制造出来的产品符合其经批准的设计。适航审定机构必须确保生产是按照有控制的方式进行的,包括建立质量控制制度,确保制造和装配令人满意。针对制造机构的质量系统监管,适航审定机构颁发生产许可证(PC),促进制造机构承担主体责任,提高适航审定机构的监管效率,节省监管资源。

3. 产品方面

通过根据航空器符合相应适航要求设计的满意证据,对生产出的航空产品进行必要的检查或者文件确认,确定该产品可以投入运行。针对不同的航空产品类别,适航审定机构对飞机颁发适航证,对发动机以及其他零部件颁发适航批准标签。

4. 持续适航方面

当航空产品投入运行后,通过对可能影响安全适航的信息进行全面的收集分析,确定机队是否存在不安全状态,并及时采取强制改正措施。在这个过程中主要由适航审定机构颁发适航指令强制机队贯彻执行,适航指令的强制力主要来源于民用航空管理相关的管理法规、规章和规范性文件,将适航指令的要求纳入到飞机设计、制造、交付和放行的条件限制中。持续适航的详细内容将在以后的章节详细阐述。

以上要求的适航活动所涉及到的职责分工、权利和义务、管理要求和工作流程的具体要求一般通过四个层级的文件予以规定。

第一层级,国家层面的由缔约国签署的《国际民航公约》,并按附件八的规定执行;

第二层级,主权国家的法律法规予以明确,例如,中国颁发法律层面的《中国民用航空法》以及国务院发布《适航条例》予以规定;

第三层级,行业主管部门发布的行业规章,CCAR21《民用航空产品和零部件合格审定规定》、CCAR39《民用航空器适航指令规定》、CCAR45《民用航空器国际登记规定》、CCAR53《民用航空用化学产品适航审定规定》、CCAR55《民用航空油料适航审定规定》、CCAR183《民用航空器适航委任代表和委任单位代表的规定》予以详细的规定;

第四层级,行业主管部门发布的为解释说明法规和规章的规范性文件,用以具体指导工作的开展,包含规范适航审定机构活动的适航审定的程序(AP)以及指导帮助解释的咨询通告(AC)。

另外,各个主权国家之间为了解决设计制造的合作、航空产品的进出口、航空安全活动的协同,以及适航标准的合作等方面的问题,双方可以签署双边协议、备忘录或者程序来约定双方的责权利以及相关的流程。

2.3.3　适航标准

适航程序一旦建立,适航程序中规定的管理职责、管理方式和管理流程所涉及到必须符合或者执行的技术标准就必须建立,否则适航程序的实质规定就是"水中月""镜中花"。这类技术标准称之为适航标准。适航标准是支撑适航审定机构用于航空产品的审定过程并对航空产品的设计、制造以及持续适航等方面做出是否满意判断的依据。适航标准和其他标准不同,是国际民航组织缔约国签署的公约及其附件的一部分,也是各个主权国家开展相关行业行政管理的一部分,因此适航标准的背后是有行政的或者是法律的强制力作为保证的。

《国际民航公约》附件八对第Ⅲ部分大型飞机、第Ⅳ部分直升机、第Ⅴ分部小型飞机(2007 年 12 月 13 日或其后申请合格审定的超过 750 kg 但不超过 5 700 kg 的飞机)、第Ⅵ部分发动机、第Ⅶ部分螺旋桨,提出了原则性的要求。

各个主权国一般以行政管理行业规章的方式予以规定。适航标准方面,美国联邦航空管理局(FAA)无论是过去还是现在,或者在未来的一段时间内,在全球范围内,都具有领导者的特点。因此,相关技术规章要素的设定、内容的编排、标准的解释以至于规章的编号都对整个航空工业起到深远的影响。中国民航航空工业不断发展的过程,也是不断地向 FAA 学习的过程。以中国民航规章为例,主要针对 5 类航空器,2 类航空产品,环境保护,材料、零部件和机载设备的技术标准以及适航指令等五个方面制定相应的规章。

① 5 类航空器,即 CCAR23《正常类、实用类、特技类和通勤类飞机适航标准》、CCAR25《运输类飞机适航标准》、CCAR27《正常类旋翼航空器适航规定》、CCAR29《运输类旋翼航空器适航规定》、CCAR31《载人自由气球适航规定》。

② 2 类航空产品,即 CCAR33《航空发动机适航规定》、CCAR35《螺旋桨适航标准》。

③ 环境保护,即 CCAR34《涡轮发动机飞机燃油排泄和排气排出物规定》、CCAR36《航空器型号和适航审定噪声规定》。

④ 材料、零部件和机载设备的技术标准,即 CCAR37《材料、零部件和机载设备的技术标准》。

⑤ 适航指令,适航指令规定强制性的检查、改正措施和使用限制,每一份适航指令都成为 CCAR39《航空器适航指令规定》的一个部分。

另外,不同航空器的特殊用途、新技术的进步带来的新颖的独特的设计特征以及飞机存在的已知的不安全设计特征,这些往往超越了现有技术标准的规定,就需要制定"专用条件(Special Condition)"或者通过修订现有的标准来解决。

各个主权国家在制定适航标准的时候,具有以下共同的特点:

第一,适航标准的法规性。前面已经讨论了适航标准作为适航程序规定的职责和流程的必需的支撑和基础,为各国政府管理部门或授权管理部门对航空器的适航活动进行有效的管理和控制而制定。适航规章是以法律条文的格式编写的,有相当部分条款是原则性的,对于技术标准的具体解释和说明,适航管理部门按照航空工业实践的情况进行总结和提炼,编制相应的咨询通告(AC)。这样,法律条文所应具有的概括性和普遍使用的特点与对航空工业实践的实际指导意义就结合了起来。

第二,适航标准的案例性。适航标准自诞生之初就具备极强的务实特点,它一方面考虑航空工业实践在安全方面的成功的经验,这些成功的经验包含了针对技术进步的安全考虑,并将这些经验总结提升为法律条文格式的概括性的和普遍性的要求。另一方面,适航标准的制定还考虑了航空事故或者是事故征候的调查结果,当调查的结果显示现有的标准不足以覆盖排除不安全设计特征时,相应的适航标准也会考虑修订。

第三,适航标准的追溯性。适航的标准分成两类,第一类是以颁发并保持证书、许可或者批准书为目的的,其形式类似"要式申请"的行政管理中的技术鉴定活动中所依据的标准,其目的包含设计符合适航要求和制造符合经批准的设计;第二类是减轻或消除机队安全隐患,当机队存在不安全状态时,颁发适航指令,采取行改正措施。除非特别规定,例如CCAR26《运输类飞机的持续适航和安全改进规定》,第一类的适航标准对已经取得设计批准的航空产品不具有追溯性,即使新的适航标准技术上适用于已经取得设计批准的设计。第二类的适航指令对在役机队具有追溯性,适航指令是消除机队不安全状态的强制改正措施,这种措施用适航规章的形式进行发布。

第四,适航标准的平衡性。民用航空器的安全性和经济性是相辅相成的。如果片面追求经济性,飞机安全得不到保障,不但公众不能接受,而且将导致航空业本身遭受灭顶之灾;如果不切实际地盲目地追求安全性,成本和周期将无休止地增长,不利于航空工业和航空运输业的发展。

2.3.4 适航活动

适航活动贯穿于航空产品的全寿命周期。航空产品的设计在取得设计批准之前,作为申请人的设计制造机构表明其产品符合规章的要求,并且没有不安全特征,对该设计制造机构具有管辖权的适航审定机构将对此设计进行批准,并颁发相应的证书和批准书。但是,规章中没有以任何形式限定确定不安全特征的标准。确保条款的符合性对航空安全很重要,但是只是符合标准是不足以保证安全的,规章中要求在取证之前消除已知的不安全特征,即使这些特征符合适航规章要求。

当航空产品取得相应的设计批准,并按照许可的方式制造出符合经批准的设计的产品,并取得相应的适航证或者适航批准标签后,当通过持续适航过程,识别出在役的机队存在不安全状态时,适用39部规章来要求采取改正措施。现在,FAA的政策,当然也是作为设计国普遍的认识是:当识别出一个取证的飞机机队存在不安全状况时,需要且应该采取强制纠正措施。相反,管理当局不通过强制纠正措施补救一个在现存飞机上发现的不符合适航标准的情况,除非这种非符合性被确认是不安全的。

　　正如在咨询通告中定义的,对于安全风险,关于发生频率"极不可能"的描述是指型号在整个生命周期内不发生灾难性的故障。针对设计是否满足适航定量的要求,从来没有打算或暗示飞机运行灾难事件能够小于 10^{-9},在相关咨询通告中,按照风险评估的方法得到的定量的数值不是,也从来不是在役机队安全实际风险的目标或门槛。

　　当适航管理机构使用咨询通告说明相应的分析方法时,期望保守的分析方法支持定量分析,实际特定功能故障将远小于它。同时期望灾难性故障概率更加小,这些期望已经被飞机的运行历史所证明。任何声明合格审定的定量门槛值作为审定的符合性门槛值或者运行安全门槛值,将是对已获得的安全水平的倒退。

　　正如前面章节讨论过的,适航活动是针对航空产品全寿命周期的特点来开展的,表 2.1 描述了适航活动在航空产品设计、制造、产品和运行阶段适航活动的对象、目的和方法。

表 2.1　产品不同阶段下适航活动的对象、目的和方法

阶　段	对　象	目　的	方　法
设计阶段	申请批准的设计	判定设计是否符合适航要求	采用合理的说明分析、实验试验、机上检查和试飞等工程手段来证明这个设计符合适航要求,并对设计进行批准,颁发相应的证书和批准书
制造阶段	生产的质量控制	制造符合经批准的设计	使用质量制度,确保制造和装配令人满意,并颁发生产许可证(PC)
产品阶段	航空产品	得到航空产品符合相应适航要求设计的满意证据	对航空产品进行必要的检查或者文件确认,如果确定满意,颁发相应的适航证或者适航批准标签
运行阶段	运行的机队	识别机队是否存在不安全状态,并采取改正措施	对可能影响安全的事件报告的全面收集,分析识别不安全状态,并开展工程调查发现根原因,制定并发布适航指令消除在役机队的不安全状态

　　从表 2.1 中我们可以看出,在整个航空产品全寿命周期中,针对设计研发、生产制造和使用运行等各个阶段主要应用三种方法来开展相应的适航活动。

　　第一种,在设计研发阶段,适航活动表现为寻求一种能行的方法、一种符合适航要求的方法,从而能够对某个设计在有穷的步骤之内证明并判定是否满足适航要求的特定性质。

　　第二种,在生产制造阶段,适航活动表现为采用质量控制的方法,确保生产出来的产品符合经批准的设计。

　　第三种,在使用运行阶段,适航活动表现为通过对相关航空产品安全的信息进行

全面的收集和分析,识别安全隐患,并采取有效措施来消除或者减轻安全风险。

以上三种方法是航空产品全寿命周期各个阶段开展适航活动的基本理念,任何企图混淆或者改变适航活动的基本理念的行为将会对航空产品的适航活动造成实质性的破坏。例如,某些国家采用设计保证的系统或者组织来提高设计研发阶段适航活动的效率,但是无论如何,组织职责、人员资质或者流程程序本身不能替代"证明并判定是否满足适航要求"的实质要求。也就是说,为构建适航要求和符合适航要求之间的逻辑关系,设计保证系统本身所包含的内容不能作为证据、判据、证明或结论,"证明"应该具体问题具体分析,其本身不能说出完整的正确的"套路"或者"要素",否则就是程序或形式的活动,证明的核心是归纳和演绎,从已知的条件证明一个结论。又如,在使用运行阶段,我们不能因为航空产品的设计满足预设的适航要求,就说航空产品不存在安全隐患。航空产品全寿命周期各个阶段的适航活动是相互关联和相互协调的,所有的适航活动相互衔接,构成了一个闭环的整体(如图 2.5 所示,图中EIS:Enter Into Service),通过全方位的、与航空产品安全相关的适航活动,真正能够实现"设计赋予、质量稳定、监控有力"。

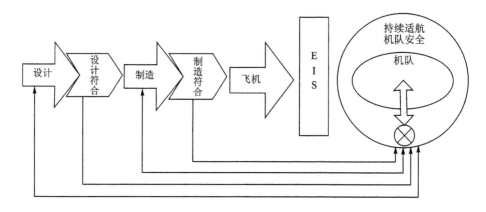

图 2.5　航空产品全寿命周期各个阶段的适航活动

以上描述了适航活动在整个航空产品生命周期内所具有的一些特点,除了上述针对航空产品全寿命周期的适航活动外,适航活动还包括立法定标、政策制定、国际交流合作、科研培训等方方面面。全寿命周期航空产品安全的主要适航活动可以概括总结如下:

① 以发现不符合适航要求为目的的审查或者监察活动。审查活动区别于监察活动,审查活动一般是指一个设计、一个产品或者一个组织系统获得相应批准之前的活动,而监察活动是获得相应批准之后的活动。审查或者监察活动是构建一个设计、一个产品或者一个组织系统符合适航要求的必要的过程,这个过程占据了符合性活动的绝大多数工作量,核心是"发现问题",也就是说审查的最好结果是"没有问题(No Finding)"。所以,审查中能不能发现问题,以及发现什么样的问题,成为审查工

作能的力一个重要的指标和体现。它与批准认可的关系是,不批准认可肯定有问题,但是不能理解为有问题就一定不批准认可。

②以判定或确认符合适航要求为目的的批准或者认可活动。一般针对特定的设计符合适航要求结论的认定活动,经常性地使用"判定"这个词,它包含了符合性方法确认、设计假设的确定、符合性证据的确认和工程逻辑推断等"证明"的要素成分。其他的认定符合适航要求的活动,例如,制造符合经批准的设计的活动,还普遍地使用"确定""认为""认定""确认"等词语。"批准"和"认可"在业界也有比较宽泛的认识,"批准"表达了所批准的文件表明了批准人的认识和观点,一般理解,"批准"是规章程序载明的职责。而"认可"一般应用于支持批准的活动中,表达了认可人对于文件赞同或者不反对的立场。

③以发现安全隐患并消除隐患为目的的航空产品安全监控活动。安全监控活动的特点既不是通过"批准或认可"来实现的,也不是依靠"发现不符合项"的活动来实现的。航空产品安全监控活动的实质内容是持续适航,这一点将在后面的章节中详细介绍。当然,持续适航并不意味是开展航空产品安全监控的全部活动,而只是它所包含的过程、组织和管理的全部内容在法律规章方面和航空工业实践方面形成了一整套行之有效的规范和做法。本书在后面的章节中会详细介绍持续适航,但是并没有意图排斥航空产品安全监控活动的其他方法或者做法。

第3章 持续适航概述及原理

3.1 概　述

3.1.1 持续适航的由来与作用

通过前面几个章节的讨论,我们认为持续适航是整个适航活动的一个不可分割的组成部分,它同设计批准、制造质量管理和单机检查一起构成了一个闭环的整体,无论缺少哪个部分,适航各个部分的单独活动都不能确保是完整和正确的,也不能形成良性的螺旋式的发展过程。

在航空产品的设计研发阶段,针对特定的设计,依据适用的适航标准以及专用条件,制定设计方面的适航要求,并用一系列工程活动来证明该设计符合适航要求,一旦适航审定机构收到满意的证据就批准这个设计,以此来向公众表明该航空产品的设计在安全方面是令人满意的。同样,适航审定机构通过批准制造机构的质量系统来确保航空产品的制造符合经批准的设计。接着对制造出来的航空产品进行检查或者文件确认,结果满意后颁发适航证或者适航批准标签。在这个过程中,都是依据程序和事先设定的标准,并最终依靠设计制造或者适航审定机构中的相关人员做出是否满意的判定。被判定为满意的航空产品投入运行后,由于用于民用飞机设计制造的标准以及符合标准的过程存在不可预期的变化,运行过程中可能存在超出设计规定范围的操作条件或环境条件,同时可能存在设计缺陷和制造缺陷引起的综合失效。因此,在实际运行过程中,航空产品的安全风险水平可能会高于可以接受的水平,所以需要持续适航对其进行深入分析和处理。

早在20世纪40年代,美国的航空器制造厂家就已经建立了专家队伍,对航空器运行过程中出现的故障、失效和缺陷对飞行安全的影响开展评估,并根据评估结果制定相应的改进措施,提高飞机的安全性和可靠性。当时,FAA就已经开始针对飞机在运行中出现的不安全特征来研究制定相应的改正措施,并以AD的形式颁发强制性的检查要求、改正措施或使用限制,以确保航空器实际的适航风险水平在可接受的安全水平之内。在近70年的发展历程中,航空器持续适航管理工作保障飞机运行安全的作用越来越明显,主要体现在:

①　对安全相关数据的不断收集;

②　对科学分析方法的全面探索;

③　对具体技术措施的深入研究;

④ 对工程判断经验的有效积累;

⑤ 对标准符合认知的持续提升;

⑥ 对适航标准变化的广泛影响。

事实已经证明,持续适航为保持飞机运行安全、保障航空制造业的健康发展都发挥了不可替代的作用。在《国际民航公约》《国际民航组织适航手册》《EASA21 部》等适航规章中,对航空器持续适航阶段的事件信息报告体系、故障、失效和缺陷的分析有明确要求。因此,全面收集航空器事件的信息,分析、评估适航风险水平,并在此基础上采取必要的措施,有效控制、消除风险,保证产品的持续适航性是保持飞机和整个机队持续安全的重要手段。

3.1.2　持续适航的意义与目的

近年来,定量分析方法在控制适航风险水平方面有了很大的发展,该方法通过收集、分析和评估不利于持续适航的信息,精确地判定实际的适航风险水平,并在此基础上决定是否采取必要的措施。国外航空器制造厂家围绕这些方法建立起了一套完整的标准和规范,形成了较为完善的持续适航体系,实施对飞机和整个机队全面的持续安全管理。确保民用飞机的持续适航是适航管理当局、型号合格证持有人、航空器运营人、维修单位等各方的共同职责。《国际民航公约》附件八及《国际民航组织适航手册(Doc.9760)》对型号合格证持有人的持续适航体系均有明确的要求(型号合格证持有人应收集用户报告的失效、故障和缺陷,分析这些报告并制定改正/改进措施,其中不安全事件的风险评估是重要的组成部分)。完善的风险评估在避免事故发生、提高民用飞机的安全性和可靠性、改进飞机设计、提升其市场竞争力等方面都发挥了重要的作用。

按照国际民航组织《适航手册》(9760)的定义:持续适航是指涉及所有航空器在其使用寿命内的任何时间都符合其型号审定基础的适航要求及注册国的强制适航要求,并始终处于安全运行状态的全部过程。

因此,航空产品投入使用后,必须建立一个完善的持续适航过程来保证航空产品的安全。当然,航空业界对持续适航的其他的宽泛的理解已经在本书的引言部分进行了说明,这里不再赘述。持续适航是全寿命航空产品安全过程中关键的环节,是适航的一个重要组成部分,对于保证飞机和机队的安全至关重要。

同时,持续适航过程也是适航审定机构进行安全监控管理的一个不可或缺的支撑手段。航空产品投入使用后,即使针对相同的事件报告,不同的主体,包括设计制造机构、使用维修单位,可能产生不同的对安全的理解和认知,其相关安全的措施不尽相同,有时甚至相互矛盾,这种情况会严重影响航空产品的安全,必须有一方做出"安全决定",并赋予"安全决定"强制的属性。因此,国际民航组织以及各个国家都在法律和规章中明确了产品安全决定的方式。如同在民航规章 CCAR21 或者 CCAR39 中的相关描述,"安全决定"相关的适航指令工作是民航管理机构的一项重要的工作职责,"安全决定"不同于"符合标准"和"符合设计",对于民航管理机构的"安全决定"的权利,规章中没有具体设置规定或者限制,适航审定的主管部门有很大的弹性和自由来进行"安全决定"。考虑飞机或者机队安全的一个重要因素就是风险,针对持续适航过程所确定的不安全状态的改正措施是"安全决定"的一个方面。但是,并不意味这是民航管理机构进行"安全决定"的唯一的基础、限制和方法。

例如,2018 年 10 月 29 日,印尼狮航 JT610 航班,一架载有 189 人的B737MAX8 客机,起飞 13 分钟后坠海,机上人员全部遇难。一周后,波音公司向全球 B737MAX 用户发出了适航通告 Crew Operations Manual Bulletin TBC - 19,要求所有的 B737MAX 机组注意,在调查 JT610 事故的过程中,发现飞机 AOA 迎角传感器的错误数据会导致飞机的尾翼配平系统启动自动保护功能,在未经飞行员操纵的情况下自动让机头向下。FAA 颁发紧急适航指令,修改相应的飞行手册。CAAC也依据 FAA 的指令,发出相应的适航指令。时间相隔 5 个月,2019 年 3 月 10 日上午8:38,埃塞俄比亚航空 ET302 航班,由埃塞俄比亚首都亚的斯亚贝巴飞往内罗毕,这架编号 ET - AVJ 的 B737MAX8 客机刚刚交付不到 4 个月,从亚的斯亚贝巴国际机场起飞 6 分钟后,坠毁在距离机场以南 60 km 外的比绍夫图镇附近,机上 149 名乘客和 8 名机组人员无一幸存,其中包括 8 位中国籍乘客。从雷达数据上看,埃航ET302 航班与狮航 JT610 航班的最后飞行轨迹一样,高速俯冲坠地。根据埃航事故发布会的资料,在飞机起飞后的几分钟内,垂直升降速度很不稳定,从每分钟 2 624~1 216 ft 不等。发生事故的时候,B737MAX 交付中国航空公司的数量已超 90 架,包括国航、东航、南航等主要航空公司。虽然事故调查还在进行,但是为保证航空运行安全,中国民航局局长签署明传电报通知国内航空公司即刻暂停 B737MAX 的商业运行。在这个案例中,民航局局长通过签发明传电报的方式行使了"安全决定"的权利,并没有颁发相应的适航指令。虽然持续适航活动所产生的适航指令是"安全决定"的一种途径,但是并不意味着这是唯一的方式。

以上讨论的都是对于一个产品而言的,它可能出现的不安全特征和状态在同意其投入运行之前是不为人知的、不可预期的,不能通过预设一个标准并试图符合这个标准的方法来实现,而应采用风险管理的方法来实现。因此,持续适航的核心是在事故发生之前发现相关航空产品的安全隐患,并采取有效的措施,防止航空事故的发生。这需要通过一个持续适航的过程来实现,这个过程包含了对于可能影响飞机机队安全的信息进行全面的收集,并对这些信息进行全面的分析,确定飞机或者机队是否存在不安全状态,并及时发布有效的改正措施予以纠正,如图 3.1 所示。

所以,持续适航的目的概括起来包括以下 4 点:

① 能够及时准确判定不安全状态以及确定这个不安全状态可以容忍的时间;

② 能够制定有效的改正改进措施并发布必要的强制措施,消除不安全状态;

③ 能够识别标准制定方面的需求,为适航标准的修订提供输入;

④ 能够完善标准符合方面的变化,为完成下一个符合要求的设计提供经验。

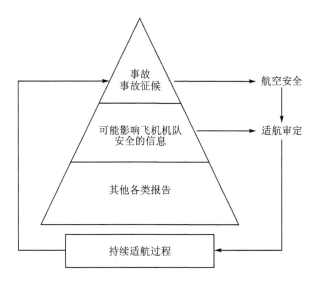

图 3.1 持续适航过程示意图

上述所讨论的持续适航不同于按照适用的标准、方法和流程来识别和恢复航空产品符合设计批准的技术状态的"过程"。在首架飞机交付之前,通过交付用户文件的方式对"过程"所涉及到的描述、数据、要求和程序予以阐明,以支持使用维修单位能够按照上述文件确保航空器在使用寿命周期内始终符合其设计批准的技术状态。以上这个"过程"是可以预期的,这些交付用户的文件规章定义为持续适航文件(Instruction of Continued Airworthiness,ICA)。以下用很短的篇幅来讨论一下持续适航文件,目的是想说明本书所说的持续适航与持续适航文件不是一件事。先从美国联邦航空管理局(FAA)相关持续适航文件的适航要求的背景开始介绍:

1970 年之前,绝大多数制造厂家已经为大型运输飞机用户提供维护信息手册,不过 FAA 没有就这些手册应该包括的内容、手册的分发以及手册提供给用户的时间等方面提出标准。

1970 年,修正案 25 - 21 新增了 25.1529 条,要求型号合格证申请人给用户提供飞机维护手册,但没有给出持续适航文件的具体要求。

1980 年,修正案 25 - 54 对这一条款进行再次修订,新增了附录 H,要求 TC 申请人按照 25 部附录 H 的要求准备持续适航文件。附录 H 共有 4 款,明确了以下要求:

(1)25H.1 总则规定了持续适航文件的总体内容要求,以及制定文件修订、控制和颁发计划的要求,规定了持续适航文件经局方认可前,申请人必须提交修订、颁发的计划,该计划需经局方认可。

(2)25H.2 规定了持续适航文件所使用的格式的要求,在实际工作中工业界的标准 ATA100、ATA2200 或 ASDS100D 标准是普遍认可的格式标准。

(3)25H.3 规定了持续适航文件的内容,要求如下:

① 语言的要求,FAA 要求使用英文。

② 介绍说明的要求,该部分规定了持续适航文件必须包含概述资料、产品和设备的一般说明、操作的一般说明和勤务的说明等四个方面维护数据的说明性要求。

③ 维护文件的要求,该部分规定了维护飞机的任务和程序的要求。

④ 接近口盖的要求。

⑤ 特种检查的要求。

⑥ 结构表面处理的要求。

⑦ 紧固件的要求。

⑧ 专用工具清单的要求。

(4) 25H.4 规定了适航限制部分需要包含的内容,因为当时适航规章中引入损伤容限的要求,由 25.571 条批准的强制性更换、检查间隔和检查程序纳入到持续适航文件的适航限制部分。

适航限制部分的目的是将型号审定过程中批准的维修任务和维修程序的数据要求纳入到持续适航文件中去,并按持续适航文件的方式进行管理,保证用户获得必要的数据,并按此要求执行。但是,25.1309 条款产生的维修审定要求(CMR)并没有在本条款中给出规定。长期以来,局方一直对 CMR 给予单独批准,用户也将其作为适航限制部分来进行控制,有意见认为这是规章中的一个缺陷。但实际操作的过程中,这并不影响对 25.1309 产生的维修要求的批准和执行,这可能是 FAA 不修订规章的原因。

2001 年,修正案 25 - 102 修订了 25 部附录 H 第 4 条适航限制部分的要求。按照 25.981 的要求,适航限制部分增加了对燃油箱系统的每一个强制性的更换时间、结构检查时间间隔以及按第 25.981 条批准的所有关键设计构型控制限制(具体的内容可以参考 25.981 的条款及其相关资料的说明)。

2007 年,修正案 25 - 123 修订了 25 部附录 H 第 4 条,适航限制章节中增加电气电缆交联系统(EWIS)的强制更换项目;同时增加了附录 H 第 5 条,该条规定了 EWIS 文件的批准要求、包含的内容要求和识别要求。

从上述背景可以了解到,持续适航文件的初衷除了用于维修之外并无其他意图,持续适航文件是恢复航空产品"固有属性"的所需的交付用户文件的工作,这个"固有属性"就是指经批准的设计。这样一项工作,规章中规定由相应的设计批准申请人负责,这个属于符合适航要求的范畴。从航空工业实践来看,FAA 考虑到该项工作开展的便利性和高效性,将这个工作除了适航限制以外的其他用于维修的文件的批准或认可交给飞行标准管理部门下的航空器评审组(AEG)来对设计批准申请人提交的文件进行评审和批准。AEG 的工作同时也是适航审定和飞机运行维修之间的一座桥梁,这座桥梁对航空安全是有促进作用的。为什么这么说呢?适航审定和飞行运行背后所对应的是两个大的产业链,这两个产业链分别是航空工业和航空运输业。当航空工业这个产业链条每研发一个新的产品到航空运输业这个产业生态中时,有必要在航空产品研发之前或之中将航空运输业一些相关安全或者适航性的需求,例如维修需求、飞行员训练需求和放行需求,输入到航空工业产品研发的需求中,同时将每个新产品维修要求、飞行员训练要求和最低设备清单要求等方面输入到航空运输业的产业链的生态之中,转化成使用运行的要求。这个输出输入的通道就是一座桥梁,没有这座桥梁可能就会在一定程度上出现研发的产品不适应航空运输产业生态的情形,产生安全的隐患。

中国民航在管理上学习借鉴了 FAA 的做法,但是这个工作的本质还是符合适航要求的过程,持续适航文件的工作实质还是符合性,主要工作还是在新的设计批准之前开展。民航规章 CCAR21.50、相关技术标准类的规章以及相关规范性文件都对这项工作做出了明确详细的要求,当然用户、航空公司或者维修单位依据这些文件制定维修计划和实施维护修理是属于按照批准的文件开展计划实施的范畴。关于持续适航文件的话题在本书以后的章节不再讨论,也不在本书说明的持续适航的范围之内。

持续适航是整个适航的一个组成部分,并与其他部分形成适航闭环的整体,实现航空安全的管理目标(见图 3.2)。持续适航所包含的实质工作内容将在第 4 章"持续适航过程"中阐述,持续适航相关的适航程序的部分,包括法规要求、管理方法和流程将在第 5 章"持续适航管理"中阐述,相关持续适航的技术方法或者指南将在第 6、7、8 章中说明。

为什么通过持续适航过程能够在航空事故发生之前发现机队不安全状态并能够及时采取有效改正措施,从而避免事故的发生呢? 本书 3.2 节和 3.3 节将分别从航空危害的特点和航空安全原理的角度予以阐述。

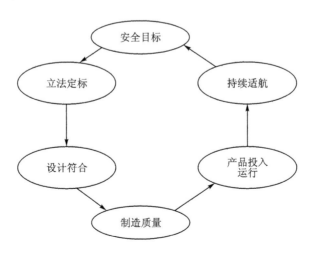

图 3.2　持续适航在适航中所处的环节

3.2 航空危害的特点和征兆

3.2.1 航空危害的特点

1. 生成的突发性

航空灾害往往是当事人无法预见的突发性的灾害。空难的发生概率虽然非常小,但是灾难一旦发生,则死亡率极高,其突发性和无可逃避性会对人们的心理造成巨大的影响。由于航空灾害的发生是众多诱发因素交互作用的结果,某些因素本身包含随机性和突发性,必然使灾害的发生具有偶然性、突发性和不确定性。

2. 事故的因果性

事故是许多因素互为因果连锁的结果。一个因素是前一个因素的结果,同时又是后一个因素的原因。也就是说,事故的因果关系有继承性,是多层次的。

3. 成因的综合性

民用航空是一个地面空中立体生产服务体系,是一个人造的社会技术系统,主要由航空公司、空中交通服务和机场服务三大子系统组成,还受到航空器自身安全性的影响和制约,涉及航空制造研发部门、飞行、机务、地面保障和空中服务等多方面的计划、组织、协调和指挥,其工作场地分散,组织协调难度大,同时受自然环境和社会环境的影响较大。航空事故是由许多因素引发的,其中人为因素是最主要的因素,包括操纵者对环境变化及飞机故障的不良应对等。航空灾害的发生通常是民航运输过程中外部环境的突变、人为失误和飞机故障等因素相互作用的结果,其成因具有综合性。

4. 后果的双重性

航空灾害的后果,一是灾害本身对人和社会造成的破坏,二是灾害发生后的社会心理影响。航空灾害的双重性表现在:灾害范围较小,但造成的社会影响却很大。一次飞机失事死亡数百人,但造成的却是世界性的影响,引起许多人对乘坐飞机产生不安或者恐惧心理,而且对航空器制造企业及运营商也会产生极其严重的负面影响。有研究表明,灾难性事件的社会心理影响程度与同时伤亡人数的平方成正比。据此按 A380 巨型客机的实际规模计算,如果一次空难导致 600 人死亡,其在社会公众心理上造成的打击相当于 360 000 人同时死亡的影响,这当然是社会公众无法接受的。

5. 一定的可预防性

航空灾害的发生具有微观上的可避免性和宏观上的不可避免性。从理论上讲,随机事件具有随机的规律,灾害的发生是有原因的,预先控制了成因,就能预防灾害的发生。通过检测、识别、诊断和预控及时纠正人为失误和机械故障,则可以防范灾害。但从宏观上分析,系统处于不断的演变、发展和完善过程中,灾害是不能绝对避免的。因此,航空灾害在一定程度上是可预防的,至少能使灾害的发生及损失降低到现有的技术和管理水平所能控制的最低程度。按照系统工程的思想,认真做好安全系统工程的安全调查、安全分析、风险评估、监管审计和安全决策等各个环节,通过对不安全事件及其成因的严密监测、识别、诊断和预控,及时纠正人的失误和机器故障,防范环境中的不利因素,就可以在很大程度上避免和减少损失。系统工程及安全系统工程的发展历史证明了这一点,世界民航安全水平的不断提高也证明了这一点。

3.2.2　不安全状态的征兆

Aloha 航空 243 号班机是来往夏威夷的 Hilo 和 Honolulu 的定期航班,机型为 B737-200。1988 年 4 月 28 日,飞机在飞行途中发生爆炸性失压的事故,前机身上部蒙皮结构被掀掉,机头与机身随时有分离解体的危险。10 多分钟后,失事客机在 Maui 岛的 Kahului 机场安全迫降。这次事故造成 1 名乘务员死亡,另有 65 名机组人员和乘客受伤。

从 1967 年开始生产的 B737 飞机在机身蒙皮搭接部位采用了常温粘接技术,将机身蒙皮搭接在一起,蒙皮厚度 0.036 in。此外,在每个连接部位,沿长度方向有三排埋头铆钉,在粘接失效后,铆钉要能够承担全部载荷。波音公司进行了相关的元件级和部件级试验,验证冷胶结连接的耐久性,试验结果表明,满足审定要求。这种常温粘接连接技术与传统的铆接相比,在制造成本、总体重量等方面具有一定的优势。机身周向载荷主要通过胶结连接传递,在不降低疲劳寿命的同时,允许使用更轻、更薄的机身蒙皮壁板。

NTSB 对 Aloha 事故展开了全面调查。主要事故原因如下:

① 蒙皮搭接部位腐蚀导致铆钉承担的载荷增加。分析指出,飞机经常在海洋性气候中飞行。当粘接两层铝蒙皮的胶层失去效用时,带氯离子的潮气进入缝隙,造成铝蒙皮腐蚀。这样,原本由粘接和铆接共同承担的载荷,现在全部由铆钉承担。而由于腐蚀产物的膨胀,使连接铆钉承受了额外的载荷。

② 广布疲劳损伤的形成与扩展导致最终的灾难性事故。当这些脱胶和腐蚀损伤没有被检查发现时,以及铆钉载荷的增加,以及铆钉孔刀刃效应的存在,使得机身蒙皮搭接处同一排紧固孔中可能同时萌生多条裂纹。这种损伤是典型的多点损伤(MSD),属于广布疲劳损伤(WFD)的一种。

事实上,该机在失事前两周才做了结构检查,有 2 000 多条疲劳裂纹没有能检查出来。另外,在制造商报告粘接连接可能导致较低的耐久性、腐蚀、裂纹后,FAA 没有采取充分的行动。

因此,如同冰山理论所述,不安全状态可以通过前期的各种征兆进行分析评估,可以从以下几个方面进行评估:

① 事故征候。事故征候(Civil Aircraft Incident)指在航空器运行阶段或在机场活动区内发生的与航空器有关的、不构成事故但影响或可能影响安全的事件。中国民航按运行内容和危害程度,将民用航空器事故征候细分为运输航空严重事故

征候、运输航空一般事故征候、通用航空事故征候和航空器地面事故征候 4 类,加上运输航空严重事故征候示例,共计 100 条左右具体条款。运输航空属于载客飞行,所以对安全要求更高,关注的安全关口更密集,制定的事故征候条款占到了总数的 63%。

按照中国民航安全实践经验之一的"关口前移"观点,在飞行事故发生之前设置"事故征候"保护圈。

② 重复性故障。重复性故障一般是指连续 5 个飞行日内在同一架飞机上重复出现 3 次或 3 次以上的故障。因此,重复性故障具有 4 个基本的特征:一是在连续的 5 个飞行日内;二是在同一架飞机上;三是同一故障;四是该故障重复出现 3 次或 3 次以上。因此,同时具备这 4 个特征的故障就属于重复性故障,应按重复性故障的处理方法采取相应措施。

发生重复性故障的原因一般是:

① 对故障产生的机理不明了;

② 虽然故障原因已经探明,但排故处理措施不当;

③ 由于航材或人为因素等导致排故工作不彻底。但是,无论何种原因造成的重复性故障,如不及时排除都会给飞行安全带来隐患,严重时还会由于故障扩散引发系统其他连环故障,最终由于故障的叠加导致整个系统失效。

因此,科学的故障分析和处理方法可以提高飞机系统工作的可靠性,消除安全隐患。

另外,重复性故障的反复出现则需要重复投入大量的人力资源、延误飞行以及延长飞机的停场时间,而且必然造成航材的大量不必要拆换。所以,科学的、正确的故障处理有利于提升航空器的安全状态。

③ 多发性故障。多发性故障是指故障现象出现的概率比较高的故障,即经常发生的故障。不论偶发性故障还是多发性故障,当故障出现时其故障现象既可以是间歇性的,也可以是持续性的。

当一台设备中重复出现一个相同的故障时可能不会引起你的注意,你对此会不以为然,认为是正常情况。故障重复出现主要是原因查不清、解决不彻底。对故障进行现场诊断很关键,在对任何一个故障的处理过程中,如果诊断错误,不但不能彻底解决实际问题,相反在大多数时候还会带来许多不良后果,造成不应有的损失。针对这些重复出现的多发性故障,只有找准了原因并采取正确的处理方法,才能得到根治。

④ 异常征兆。异常征兆包括异常的波动、异常的退化等。退化:指磨损、游隙、泄露、灰尘、污物、腐蚀、变形、原料的依附、表面损伤、破裂、过热、振动、噪声和其他异常情况。

3.3　航空安全原理

3.3.1　航空事故致因理论

　　航空灾害等不安全事件是可能给人们带来灾难性后果的意外事件。为了防止航空灾害的发生,有必要采用事故致因理论,即弄清楚各种不安全事件发生的元凶,了解不安全事件的发生、发展和形成过程。在此基础上研究如何通过消除、控制各种致因来防止不安全事件发生,保证生产系统处于安全状态。

　　事故致因理论用于揭示事故的成因、过程和结果,它抽象掉各种隐患或风险源的具体特点和各种不安全事件的具体内容与具体形式,抽象概括地考虑构成系统的人、设备、环境等因素,因而更能揭示事故及其致因的本质,更具普遍意义。把事故致因理论和各种具体的风险源、具体的不安全事件结合起来,可以把不安全事件的可能致因、过程和结果更科学、更实际、更生动地展现在人们面前。由此,事故致因理论是进行不安全事件调查、安全分析、风险评估、安全监管和审计以及安全决策的重要理论工具。目前,学术界已提出的事故致因理论主要包括:

　　① 事故因果论;

　　② 能量转移论;

　　③ 扰动起源论;

　　④ 人失误主因论;

　　⑤ 管理失误论;

　　⑥ 轨迹交叉论;

　　⑦ 变化论;

　　⑧ 综合论。

3.3.2　航空安全的冰山理论

　　1941 年,美国安全工程师海因里希先生提出了著名的"冰山安全理论",即 300:29:1 的比例法则。由于该比例类似于大海中漂浮的冰山,故常被称为"冰山安全理论"(见图 3.3)。简而言之,该理论是说当一个企业有 300 个不安全行为或违章时,必然引起 29 起轻伤或故障,然后必然发生 1 起重伤以上事故。基于此理论,预防严重事故发生必须从控制未遂事件开始,这就必须进行全时域、全方位的安全监控(包括安全检查),这样才能发现隐患,从根本上消除事故发生的根源。

　　冰山安全理论使人们对安全的认识有了理论基础,从而便于人们用理论指导实践,消除隐患、防范事故。其指导意义在于:一方面,水面上的事故是冰山一角,由危险源、事故处置和事后处理 3 部分组成。"冰山"露出来的部分,是看得见的事故部分,表现出来就是可以直接记录的人身伤亡事故、设备事故与重大损失事件。如果仅

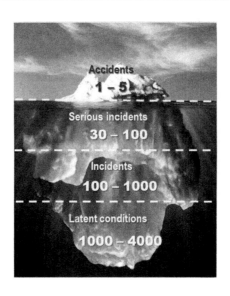

图 3.3　冰山安全理论

仅治理这部分,其效果、范围和持续性都有限和短暂,因此,仅控制一起发生的事故,并不能防止新的、更多的、更严重的事故发生。另一方面,水面下可能隐藏着很大的事故隐患,仅凭表面现象不能判断危险程度。如果把露出水面的冰山看作事故的发生,那么要让冰不露出水面,即事故不发生,就要减小冰山底部的体积,即从根源上消除隐患。隐患部分由人的因素、物质的因素和环境因素 3 部分组成,这部分往往是人们看不见的,容易被忽视掉,因此,需要加以重视,予以控制、转移、削减和排除。

如果把露出水面的冰山看作是人的安全行为,那么水下冰山就代表人的安全意识和安全知识,只有储备了大量的安全知识并具有很强的安全意识,才能保证具有安全行为,从而保证安全生产的顺利进行。

因此,冰山理论与事故发生不是偶然的,事故的背后一定存在着事故隐患和不安全因素的理论吻合。要减少事故的发生,必须削减事故隐患和不安全因素的存量。

3.3.3　航空安全的其他理论

安全工作的目的是将安全状态控制在一个可接受的水平。本质上讲,所谓安全是一种风险水平可接受的状态。风险取决于事故发生的可能性和事故后果。事故发生的可能性或概率是客观存在的,技术水平的提高能够降低事故发生的概率,但并不能将事故概率降为零。

事故轨迹交叉理论认为,在事故发展进程中,人的因素运动轨迹与物的因素运动轨迹的交点就是事故发生的时间和空间,即人的不安全行为与物的不安全状态相通,则将在此时间、此空间发生事故。按照该理论,可以通过避免人与物两种因素运动轨迹交叉,即避免人的不安全行为和物的不安全状态同时、同地出现,来预防事故的发生。这需要对人的不安全行为和物的不安全状态进行监控,掌握两者发展变化的状况,及时采取措施来避免两者交叉。

Levenson 和 Hollnagel 等系统安全性分析领域的学者认为,风险大多源自系统多层次不足的共同出现;安全可以被看作系统的各方面交互所产生的突显特性。因此,事故作为安全问题之一,它具有突显特性。事故的突显特性反映到系统安全性相对于运行时间的连续变化上,是在临近事故发生前或在事故发生瞬间所出现的突变,如图 3.4 所示。事故演化过程中,系统安全的突变反映在其连续变化过程中,即为事故发生瞬间的跃迁,从一般的运行状态跃迁到事故。系统安全性作为一个复合的状态变量,其连续变化过程中跳变的可能性越高,并且跳变的程度越大,事故发生的可能性就越高,并且严重程度越大。在系统的运行阶段,想要预测并防止事故的发生,就需要预测并防止系统安全的突变。因此,需要在考虑系统安全具有突变特性的前提下,对运行阶段系统安全性的连续变化过程做好动态监控。

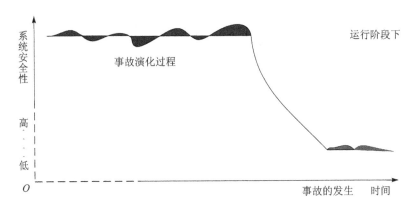

图 3.4　系统安全性的连续变化(波动与突变)

尖点突变理论是研究从一种稳定组态跃迁到另一种稳定组态现象和规律的理论。在一般情况下,控制变量的微小扰动可能会引起状态变量初值和终值的微小变化,但在临界点附近控制变量的微小扰动可能会导致状态变量终值发生很大的变化。如何确定各种危险因素的特征参数处于正常区间内还是在临界点附近,是确定安全干预或控制措施的依据。需要通过安全监控跟踪安全状态参数,并适时采取安全干预措施,确保其处于合理区间范围内。

根据木桶理论,安全水平的高低取决于影响安全状态各因素中的薄弱项。要最大限度地提高安全水平,发挥生产安全的效用,就必须着力解决影响安全状态的"短木板"的补短问题。同时,随着企业的发展、技术进步和社会对安全需求的提高,影响安全状态的"短板"也会发生变化。确定安全需求的发展和制约安全状态提高的"短板",需要通过持续进行安全状态及其影响因素的监控,真实反映当前的安全水平及其影响因素的状况,才能使安全工作的开展有的放矢,使安全管理与技术改进具有科学性和可操作性。

第4章 持续适航过程

4.1 概 述

在第3章中讨论了持续适航的基本概念,在持续适航概述部分提到:"持续适航的核心是在事故发生之前发现相关航空产品的安全隐患,并采取有效的措施来防止航空事故的发生,这需要通过一个持续适航的过程来实现。"那么,什么是持续适航过程呢?

"过程"英文为"Process",在 GB/T 19001—2008 3.4.1 条中定义为:将输入转化为输出的相互关联或相互作用的一组活动。"过程"在哲学中的定义是指物质运动在时间上的持续性和空间上的广延性,是事物及其事物矛盾存在和发展的形式。过程是一个广义的概念,任何一个过程都有输入和输出,输入是实施过程的基础、前提和条件;输出是完成过程的结果。"过程"是一种手段,通过该手段可以把人、规程、方法、设备以及工具进行集成,以产生一种所期望的结果。

"过程"具有以下特征:

① 任何一个过程都有输入和输出;

② 输入是实施过程的基础、前提和条件;

③ 输出是完成过程的结果;

④ 完成过程必须投入适当的资源和活动;

⑤ 过程本身是为了达到期望的结果;

⑥ 过程存在可测量点。

任何事情都需要一个过程,持续适航也不例外。持续适航是指涉及所有航空器在其使用寿命周期内的任何时间都符合其型号审定基础的适航要求及注册国的强制适航要求,并始终处于安全运行状态的全部过程。这个过程包含了对于可能影响飞机机队安全的信息进行全面的收集,并对这些信息进行全面的分析,确定飞机或者机队是否存在不安全状态,并及时发布有效的改正措施予以纠正。所以,持续适航是一个"事情",持续适航过程是一个"手段"。这个"事情"是要在飞机发生事故之前发现相关航空产品设计制造的事故隐患,并消除这些隐患,避免事故的发生。持续适航过程具备了"过程"的一般特征。

持续适航过程的输入是已经发生的可能影响飞机机队安全的信息,持续适航不针对人们假设的或者认为有可能发生的信息作为输入开展持续适航工作。这一点很重要,这是启动持续适航工作的基本原则。例如,某机型在客舱安全相关的设计更改批准申请的过程中,审定方提出座椅布局在某些假设的工况条件下可能会伤害乘客,并以问题纪要的方式予以记录。在没有形成最后意见之前,将该情况通报给持续适航部门,认为在役的机队同样存在这种假设的情况,希望持续适航将该情况作为一个输入来评估机队是否存在不安全状态。负责持续适航的部门在这种情况下不会启动持续适航流程对在役机队施加可能的影响,除非发生相关的事件报告。

可能影响飞机机队安全的信息的获取是整个持续适航过程的基础和前提条件,如何保证完整正确的输入是持续适航工作面临的一大挑战。信息的获取包括两个方面,第一是信息的报告和收集,第二是信息的筛选。可以看出,在构建持续适航过程之前,需要考察对应的航空产品的特点,并制定一个可行的、相对完整的、正确的信息报告或者收集的标准。这部分内容的技术指南将在本书第 6 章中说明。

整个持续适航过程的最直接的输出是针对航空产品的改装、检查或者使用限制。持续适航过程的另一个输出是面向未来设计的经验总结,这个输出虽然对在役机队没有直接的影响,但是它在标准的修订和设计的改进方面具有实际的作用。

持续适航过程的核心内容是如何实现从输入到输出,这就要求必须投入适当的资源和活动。这个核心环节包括风险评估、工程调查、措施制定,这三者之间是相互依赖、往复迭代的过程,并在迭代的过程中不断优化输出结果。风险评估的作用是确定飞机机队的风险程度和风险可容忍的时间期限,这个过程确定了责任主体对于特定输入的安全影响的认知,并以评估的结果作为下一步行动的一个“限制包线”。工程调查是明确特定风险产生的原因,并将确定的原因作为制定措施的一个依据。措施制定则针对原因采取有效的行动来降低飞机机队的风险。随着工程调查的深入,风险评估也越来越清晰,措施制定过程中不同方案的选择也将直接影响在役机队的风险情况。

例如,波音公司 B787 机队曾经出现副翼作动器电液伺服活门故障的情况,刚开始风险评估不认为 B787 机队存在不安全状态,更换新的作动器即可。但随着故障的再次发生,波音公司展开深入的工程调查后发现,故障是由于副翼液压作动器电液伺服活门的限流孔结晶引起。进一步的分析表明,相同设计的升降舵作动器电液伺服活门也有可能发生结晶,随着结晶程度的持续恶化,可能导致在飞行的某些阶段作动器的功率不足,造成控制飞机的能力降低。这样风险评估的结果就是 B787 机队存在不安全状态,就必须采取行动减轻或消除风险。虽然工程调查已经明确了故障的原因,但是特定牌号的液压油导致限流孔结晶的机理并不清楚,需要长时间的实验、分析和研究。为保证机队运行安全,波音公司设计了一套定期操作检查程序来早期发现可能已经结晶的伺服活门,并及时更换的措施。这套措施从减轻风险的角度来看,在当时的环境下是最佳的方案,但是在技术上并不是最优的。经过近 4 年的努力,波音公司才发布服务通告,要求更换不同牌号的液压油,最终该问题得到了解决。

从以上的案例中可以看出,持续适航过程所包含的各个环节不能像生产流水线一样机械地衔接,各个环节之间是并行地、有机地结合在一起的,它们反复迭代,相互支撑。持续适航的一般过程如图 4.1 所示。

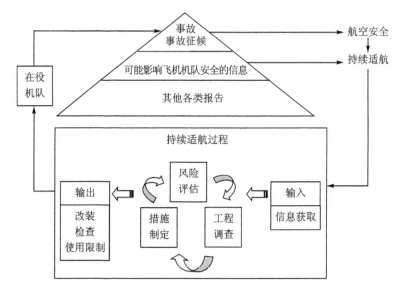

图 4.1　持续适航的一般过程

任何过程都需要人或者组织来执行,相关的人或组织之间的责任界定、流程设置又会对持续适航的过程产生影响。《国际民航组织公约》附件八和各个主权国家的法律法规规定了各方的职责和义务。确保飞机持续适航是政府、设计制造机构、使用维修单位等各方的共同职责。因此,持续适航过程依赖于各个国际民航组织缔约国的职责和工作协调,以及各个主体,包括设计制造机构、民航主管部门、使用维修单位之间的职责协调一致。各方相互协同才能够达到适航风险管理的目标。

运营人是航空器安全运行的直接责任人,概括起来有两项责任:

① 收集适航安全相关的信息,并报告这些信息;

② 评估接受相关的持续适航信息,并按标准改装、修理和维护飞机。

设计制造机构是设计国能够承担持续适航职责的关键环节。持续适航的责任有3 项:

① 收集适航安全相关的信息,并报告这些信息;

② 分析评估这些信息,并采取相应的措施;

③ 发布措施。

民航适航主管部门代表政府对民航飞机的持续适航进行管理,为了维护公众的利益,保证民航飞机运行安全的最低要求,其管理的方法通常是:立法定标、颁发证件、监督检查。为了运用这三种方法实现对飞机持续适航的管理,民航主管部门在持续适航体系方面主要做以下两项工作:

① 收集适航安全相关的信息;

② 分析评估这些信息,制定强制措施并将其颁布。

持续适航过程必须是包含政府、设计制造机构、使用人等各方共同参与的完整的过程,信息的有效获取是整个体系能够正常运行的前提。整个持续适航过程的关键环节是设计制造机构,也只有设计制造机构拥有足够的技术能力和能够获取全面的数据进行分析,并制定相应的的改正或改进措施。民航主管部门按照风险管理的方法,并在设计制造机构提供资料的基础上按照既定的流程评估决定是否采取强制措施,并发布强制措施。民航主管部门在整个航空产品安全体系的构建和管理上起到了不可替代的作用。

让我们听听美国联邦航空局局长 Daniel K. Elwell 先生在 2009 年 3 月 27 日关于 B737MAX 事故听证会上的证词:"安全是联邦航空管理局的使命的核心,是我们的首要任务。我们夜以继日地工作,在航空业界内推动主动识别和数据驱动的监管方式。安全不仅仅是一套可以"建立"和"实施"的方案,而且是一种生活和工作方式,它需要公开透明的信息交流。我们知道它需要合作、沟通和共同的安全目标,这些使美国联邦航空局和航空界聚集在一起识别系统危险,并实施安全解决方案。这个方法为我们提供了我们之前对于事件和风险不曾有的知识。分享安全问题、安全趋势和经验教训对于认识到可能出现的任何风险至关重要。我们拥有的数据越多,我们就越了解这些数据系统,这反过来又使我们能够更好地管理和改进系统。"

图 4.2 所示为美国各责任主体参与持续适航的过程:

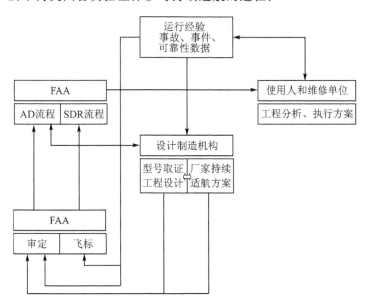

图 4.2　美国各责任主体参与持续适航过程的示意图

美国的持续适航过程有以下特点:

(1) 持续适航过程是包含政府、合格证持有人、运行人等各方共同参与的完整过程。

（2）包含了完整的安全管理的实质要求，主要包含以下两个方面：

① 旨在避免事故，提高安全水平的一整套的标准、规范和流程；

② 旨在有组织地、有效地进行管理安全的一系列的方法，包括必要的组织结构、政策和程序。

（3）整个持续适航过程的关键环节是型号合格证持有人的持续适航过程，主要由它分析判定并产生产品安全相关的改正或改进措施。

（4）FAA 在持续适航过程中致力于安全和基于事实的数据驱动决策，在实际的工作中凸显出技术独立性。这是和 FAA 的管理历史、技术资源和法律环境相协调一致的。这就不难理解为什么 FAA 识别出的机队中可能的不安全状态与厂家所识别的存在差异，这些差异是正常的。在某些情况下，即使 FAA 按照法规流程发布了相应适航指令，这种差异在技术层面的认识上依然存在。

各个主权国家的民航主管部门针对持续适航过程的管理方式都有其特点，这些特点深深地打上了航空工业发展的大背景的烙印。中国民航之前主要依赖进口国外的航空器，持续适航的过程主要是接受、评估和翻译国外的适航指令，并颁布中国民航的适航指令。随着国家战略的实施，中国民用航空工业迎来了战略发展期。现阶段适航管理的主要矛盾是航空产品研发和产品取证之间的矛盾，但随着国产运输类飞机逐渐投入市场运行，机队运行和机队安全之间的矛盾也日渐凸显。中国民航上海航空器适航审定中心在对 ARJ21 - 700 飞机的持续适航管理活动中借鉴欧美适航当局的持续适航管理模式，通过研究和探索，结合中国民航管理和工业实践，逐步形成了具有中国特色的国产运输类飞机持续适航管理的模式，并总结经验起草了 AC《型号合格证持有人持续适航体系的要求》。这个管理特点的实质是要求型号合格证持有人建立满足持续适航过程各个要素要求的持续适航体系，并通过批准持续适航管理手册来表明合格证持有人有能力履行 CCAR21 规定的持续适航责任和义务。同时，强化审定中心内部的技术评估流程，确保技术的相对独立性。通过一段时间的实践，这种管理模式取得了良好的效果。

持续适航体系是主体责任方在产品的全寿命期间内识别和改正其产品的不安全状态，履行其持续适航责任的一种方法。通过体系的建设加强主体能力。

行业主管部门通过对型号合格证持有人的持续适航体系的批准、监督和管理，可以协调各方在认识、标准或程序上的不一致，有利于型号合格证持有人履行其主体责任，提高持续适航过程的效率。同时，将行业主管部门投入的资源降到最低。

通过行业主管部门相对独立的技术评估流程，能够有效地增强持续适航过程输出的正确性和完整性，同时还能防止体系建设和实际工作的"两张皮"现象。

以上介绍了美国以及中国持续适航过程的一些特点，无论采用哪种特点的管理，都必须以促进持续适航过程高质量、高效率运行为目的。在以下的章节中将给大家介绍持续适航过程中的六个重要环节，它们依次是信息获取、风险分析、工程调查、措施制定、措施发布和经验总结。

4.2　信息获取

4.2.1　信息的收集

信息的收集是整个持续适航过程的前提条件,信息收集是为持续适航的目的服务的。具有以下这些特征的信息应该被全面地收集:

① 航空器运行中威胁或者可能威胁航空器安全运行的失效、故障、缺陷或超出技术限制的事件;

② 产品、零部件和设备的设计中影响或可能影响航空器安全运行的失效、故障、缺陷或其他事件;

③ 产品、零部件和设备制造中影响或可能影响航空器安全运行的偏离;

④ 产品、零部件和设备维修中影响或可能影响航空器安全运行的事件。

以上述收集信息的特征,在实际工作中并不具有可操作性,必须设立一个详细具体的技术指南,指导航空产品相关的各方,包括设计制造机构、适航审定机构、使用维修单位等等,开展信息收集的工作。除了需要一个技术指南之外,还必须有一个法律规章来规定各方法定的职责,明确各自的职责和工作流程,确保持续适航流程的实施。这部分内容的介绍将在第 5 章"持续适航管理"中予以阐述。无论包含哪些主体,这些信息都主要包括以下的来源:

(1) 设计制造机构的相关信息

① 设计分析和实验中发现的问题;

② 生产过程中发现的问题;

③ 质量逃逸问题;

④ 供应商提供的信息;

⑤ 飞行试验中发生的问题;

⑥ 飞行训练中发现的问题。

(2) 使用运行单位的相关信息

① 运行信息;

② 机组报告;

③ 事故报告;

④ 维修信息等。

(3) 民航管理机构相关的信息

① 规章修订草案;

② 适航指令;

③ 局方要求的资料或者调查;

④ 关于其他航空产品适用的信息报告。

这些来源的信息,一般通过产品售后服务的工作流程、双方为促进产品改进达成的协议或者合同、法规规定的报告职责或者自愿报告等多种方式收集。各个国家、各个主体一般都会建立相应的计算机系统,以实现多种方式的信息收集。例如,美国FAA、波音公司、NASA均建立了各自的数据库,这些数据库的建立促进了持续适航过程的信息的全面获取。当然这些数据库不仅仅用于持续适航的过程。从航空工业的实践来看,有几点经验可以分享:

① 单独依靠某种方式来保证信息的获取是不可行的,必须依靠尽可能多的方式并行开展。

② 期待建设一个专门为持续适航过程服务的、统一完整的数据库是不具有操作性的,这涉及到太多的法律上的和技术上的问题。

③ 法律规章层面的规定是必不可少的,通过法规的强制力,确保持续适航过程开展满足公众可接受的最低要求。

值得注意的是,虽然法律规章层面规定了持续适航过程中各个责任主体各自的责任,并且试图保持主体之间的责任明晰、衔接紧密,但是各个主体所处的环境不同,在实际的工作中,各自收集的标准和收集的目的不尽相同。例如,尽管运行规章要求运行人按照使用困难报告的要求执行,合格审定规章中规定了设计批准持有人需要报告的13种故障、失效和缺陷报告的情形,但是这些报告对于设计制造机构用于识别航空产品安全隐患是不充分的。所以,作为持续适航过程参与方的关键环节,设计制造机构需要针对其特定的航空产品确定信息收集的标准,并通过工作流程、客户服务、合同协议等多种手段来完成收集更多完整的信息,而不是仅仅依靠法律规章的最低要求开展相应的活动。

4.2.2　信息的筛选

即使航空工业界针对信息的收集制定了相应的标准,按照这些标准收集的信息相对于用于识别潜在的可能影响航空产品安全的特定的风险而言,是相当广泛的。如果不加筛选地对所有收集到的信息都进入持续适航过程的风险评估步骤,持续适航过程所要投入的资源和活动成本是不可接受的。

事件筛选的目的就是要从收集到的信息中筛选出关键数据,这些数据很有可能是航空产品存在潜在安全危险的一个前兆,并将这些筛选出的数据作为持续适航过程的风险评估和工程调查的对象来开展相应的持续适航的活动。由此,针对这个筛选活动,必须建立一个针对特定航空产品的危险识别的技术指南,相应的责任主体采取适当的组织管理活动,将识别出有风险的事件和数据流转到风险评估和工程调查的阶段,并开展相应的管理活动。当然,在实际的筛选活动中,基本依靠工程师的经验,依据危险识别的技术指南进行筛选;除此之外,也可以借助计算机通过一些关键词或者语义的搜索来进行筛选。无论如何筛选,在实际的工作中对于某些信息的筛选结果都很难达成一致的意见,原因是事件发生的频率以及趋势对于危险的识别也是需要考虑的,工程经验不能完全覆盖单次或者小样本的信息的筛选。例如,美国某航空电子设备制造商对于大气数据传感部件的故障失效在发生第二次时才启动工程调查。那些经过信息筛选,不符合危险标准的事件数据会被保留,并可用于趋势分析或者下次筛选的考量。

信息的筛选主要包括被动、主动和趋势预测三种。

当存在一个严重的诱发事件时,常常伴随着非常严重的后果,从事件诱发因素中得出的事故信息、问责的安排,以及造成安全风险的因素等信息一般不需要筛选活动,而是直接作为持续适航过程的输入。这种情况下,信息筛选是被动的,它们常常适用于技术失误或非正常事件,是一种基于"等情况糟糕了,再去找原因"的想法。

持续适航过程主要进行的是主动的或者趋势预测的信息筛选活动。这种情况下,诱发事件并不严重,可能只造成了很轻或根本没有造成什么严重的后果。它基于一个想法:在事故发生之前,通过确定危险源,并采取必要的措施来减少风险。趋势预测并不要求诱发事件的产生。预测识别通过寻找问题来进行安全管理而不是等待问题的出现。因此,预测识别通过及时并持续地获取日常运行数据来积极寻找安全信息,这些信息很可能暗示着已经存在潜在的安全风险。

事件的筛选主要依靠工程师的工程经验,即使设计制造机构制定了相应的筛选指南或标准,也需要针对收集到的信息,具体问题具体分析,不建议采用类似"检查单"的方式,机械式地筛选。所以,事件的筛选工作一般需要组织一个经验丰富的工程师团队进行工程判断,筛选的技术指南或标准作用是帮助工程师进行判断,而不能本末倒置。当然,在实际的工作中,有可能将风险评估中的初步评估的一些要素纳入到信息筛选的过程中。

4.3　风险评估

4.3.1　初步风险评估

初步风险评估的目的是快速识别任何需要立即采取航空产品安全行动的问题,它还决定一个事件是否表明一个需要通过持续适航过程进行更多工程调查的潜在安全问题。评估应该利用任何立即可用的数据。

相应的责任主体应该审查整个事件来回答两个关键问题:

① 这是一个潜在的安全问题吗?

② 是否存在紧急不安全情况并需要立即采取改正措施?

对这两个问题的回答决定了持续适航过程的后续步骤。

在这个过程中,相应的责任主体一般采用定性的方法评估该事件对飞机或机队的安全运行的影响,也就是采用定性的方法来判断飞机机队是否存在不安全状态。如果相应的责任主体确定没有进一步行动的必要,那么必须记录此次决定。

不安全状态通常情况下是指飞机不能够继续安全飞行和着陆。在初步风险评估中,需要对以下几个方面进行考察,如果发现确定存在实际的证据,则认为飞机机队存在不安全状态,但是不需要进行更深入的研究。

(1) 事件的发生会导致灾难性后果,通常表现为飞机失事,降低飞机或机组在不利运行状态下的操控能力,到一定程度时可能会造成:

① 安全边际量或功能能力大幅度降低的风险;

② 机组成员身体不适或超负荷工作以至于不能精准地执行其任务的风险;

③ 对机上人员造成严重或致命的伤害的风险。

(2) 存在不可接受的风险,会对人员造成严重或致命的伤害;

(3) 用于减小事故对生存影响的设计特性不能正常发挥其应有的功能。

与现有适航要求不符的情况应该已经在信息获取的阶段捕获,若满足上述(1)、(2)、(3)的情况,应该确定为不安全状态。上述的考察方面考虑了大部分的情况,若有其他不安全状态发生,也应该确定为不安全状态。

有些事件造成的后果没有如(1)所述的严重,但可能会降低飞机或机组在不利运行状态下的操控能力,例如安全边际量或功能能力的大幅度降低、机组工作负荷大幅度增加、机组工作效率削弱、机上人员不适或受伤,那么也认为是不安全状态。

如果确定飞机机队存在不安全状态,相应的责任主体应该按照持续适航过程规定的步骤,及时采取有效的措施减轻或者消除不安全状态。

如果确定飞机机队的不安全状态很紧迫,相应的责任主体应该能够立即采取行动,及时减轻存在的不安全状态,而不需要等待持续适航过程的其他步骤。

4.3.2　详细风险评估

一旦初步风险评估确定存在不安全状态,则应采用定量或者定性定量相结合的方法来开展详细风险评估。随着工程调查的逐步深入,这个不安全状态所涉及到的范围、原因和严重程度逐渐清晰,并被不断完善。下一步通常是评估这个不安全状态的概率问题。设计制造机构或者设计国适航审定机构通常进行定量分析,因为他们有航空产品设计的详细数据,设计制造机构可能也能获得他们全球机队上的数据,这样能够对事件概率进行更精确的计算。这个评估通常描述了每飞行小时基础上问题发生的概率,但它也可以表示在每个飞行周期或其他时间间隔的基础上。

详细风险评估时,应该考虑的因素可能包括失效模式、故障分类、故障概率分布、条件概率、检测概率、使用/维修限制和候选措施。

详细风险评估客观地描述了风险的概率和严重度,并确定每个和给定安全问题相关的危险的风险。持续适航过程目标是通过采取紧急或者永久性的纠正措施,来消除或有效降低潜在不安全状况的适航风险水平。一旦确定为不安全状态,在消除这个不安全状态之前,需要相当长的一段时间开展工程调查、措施制定、措施贯彻。但是,在此期间机队还是在运行,随着风险暴露时间的增加,机队风险也会相应增加。

因此,在详细风险评估的过程中也必须计算改正措施的时间限制,或者称之为符合性时间,为措施的选择、计划制定和贯彻提供输入。

通过详细的风险评估,安全问题的严重程度和发生概率被重新审视,更加精确的定量的结果有助于制定更加完整正确的改正改进措施计划。

当详细风险评估的结论与初步评估的结论不一致时,相关责任主体一般采纳详细风险评估的结论来替代初步风险评估。

在实际工作中,信息筛选和初步风险评估,以及初步风险评估和详细风险评估之间没有非常清晰的分割界线。本书将风险评估分成初步和详细的目的是用以说明风险评估所包含的一般的工作内容,风险评估的每次结论或者观点都代表了主体责任方当时的认识,尽管这些结论或者观点随着事件调查的深入有可能被迭代甚至被改变。但是,主体责任不能因为这种未来可能的观点的迭代或者改变而影响责任方依据当时的认识采取的一系列改正措施的执行力度。所以,责任主体方一般不会等待一个完整的、准确无误的风险评估后再采取相应的行动,特别是针对那些紧迫的不安全状态。

例如:早在 1995 年之前,在 A300 机队的抽样检查期间,在靠近中央机翼/外侧机翼张紧螺栓处的 40 号隔框(FR)的径向位置有裂纹报告。如果没有检测到并纠正这种情况,可能导致结构剩余强度降低并导致大量的修理。为解决上述问题,空客公司发布服务通告(SB) A300 - 57 - 6062 以提供检查指南,随后,DGAC 发布适航指令 AD 95 - 063 - 177,要求在累计满 11 100 次班次之前或本指令生效之日起 1 500 班次内完成对固定装置的幅向进行涡流探伤。随着事情的进展和工程活动的深入,2000 年,法国 DGAC 发布 AD 95 - 063 - 177(B)R4,要求在累计满 7 600 次班次之前或本指令生效之日起 1 500 班次内,进行超声波测试(UT)和高频涡流(HFEC)检查。自 DGAC 法国 AD 1998 - 040 - 012(B)R1 发布以来,用于框架疲劳和损伤容限分析的材料数据已经改变。空客公司决定必须减小现有的门槛值和间隔值。因此,考虑到新的门槛和间隔,空客公司将 SB A300 - 57 - 6062 修订为 R5 版。2019 年,EASA 针对该问题发布 AD 2019 - 0044。从以上的案例可以看出,随着对特定问题的认识和理解的不断深入,符合性时间和措施本身都在不断地进行修订和完善,这个修订完善的过程可能是几个星期、几个月,甚至几年。

4.4 工程调查

持续适航过程中的工程调查的目的是责任主体通过有组织的行为开展客观的证据收集,采用合适的分析方法,确定导致安全或者是潜在安全问题的根本原因。工程调查的深入过程也是风险评估不断完备的过程;同时,工程调查的结论又是改正改进措施的重要输入。工程调查除了确定根本原因外,还包括持续适航过程其他步骤所需要的输入,例如,问题所涉及的范围和影响的严重程度。对于根本原因的研究应该

考虑所有已知的事件和潜在问题的触发点。一个事件的原因分析应该考虑以下方面
并收集充分的证据：

① 初始设计和设计意图方面；

② 产品或功能的使用与初始设计目标是否一致；

③ 制造方面的情况；

④ 产品或功能的实际使用情况与其既定的使用说明文件是否一致；

⑤ 产品或功能的维修记录；

⑥ 系统的复杂性；

⑦ 相关程序和培训；

⑧ 手册和程序的清晰/准确性；

⑨ 其他适用的注意事项。

在分析根本原因的过程中，各种各样的分析方法有助于分析根本原因，一些常规
方法的描述详见第8章。为了得到充分的证据和数据，还要开展必要的实验室理化
分析、产品普查、试验甚至试飞等活动，用以支持因果分析，构建完整的证据和原因之
间的联系。责任主体完成工程调查后，应该书面记录调查过程和结论，至少包括以下
几点：

① 安全或者潜在安全问题的描述；

② 调查的过程与相应的证据；

③ 相关航空产品的原因；

④ 相关人为或者是组织的原因（影响因素）；

⑤ 因果分析报告，通常采用因果分析工具的标准格式文件。

如果确定了导致安全或者是潜在安全问题的根本原因与航空产品本身无关，工
程调查责任主体应该把调查的结果告知相应的主体单位。在工程调查的过程中，一
般会涉及到以下三个方面：

① 航空器及其零部件本身存在硬件或是软件方面的原因；

② 设计制造机构或者使用维修单位存在的组织方面的原因，可能包括企业文
化、人员训练、技术条件、流程程序等等；

③ 人为因素方面可能存在的问题，包括员工文化背景、宗教信仰、行为特征、心
理特点等等。

虽然在工程调查的时候涉及以上因素，但持续适航的过程是针对航空器及其零
部件本身存在的问题开展一系列的改进改正措施。针对组织方面和人为因素方面的
问题，应该记录并将这些问题发送给相应的主体责任方进行解决，也就是说持续适航
过程的目的是解决航空产品本身的问题，并不直接干预组织方面或者是人为因素方
面的整改或者监管，而是将这些结果告知相应的责任主体，按照相应的其他流程进行
解决。

　　例如:在某机型的在役机队检查中发现发动机引气管路大面积的腐蚀现象,经过工程调查发现,管路在生产制造的过程中没有按照设计的要求进行必要的酸洗,属于质量逃逸。通过持续适航过程中的工程调查环节,设计制造单位成立的工程调查组经过一系列的调查,确定了受影响范围,并建议用经过酸洗的管路来更换原有的管路,以此来解决在役飞机以及在制飞机的管路腐蚀问题。相关工程调查的报告报送质量系统,质量系统收到报告后,按照质量系统的要求开展整改活动,这些活动包括了设备更新、工卡修订、检查制度、人员培训等等。质量系统的相应整改活动不是持续适航过程的范畴,持续适航过程并不干预质量活动,在此事件中,持续适航过程中工程调查结果是开展质量活动的一个输入,同时质量活动的结果又是持续适航过程中相关受影响范围确定、风险评估和措施制定等工作的一个输入。

4.5　措施制定

　　经过持续适航过程的风险评估和工程调查,必须制定一个改正措施,消除或者减轻特定不安全状态的安全风险。责任主体考虑依据风险评估给出的结论和符合性时间,工程调查确定的影响范围和根本原因、措施的周期和成本以及措施实施等影响因素来确定一个或者一组可行措施,确保飞机机队的安全风险水平在可接受的范围内。

　　措施的类型一般分成三类。第一类是检查,通过检查及时发现航空产品的故障、失效或缺陷,并及时采取更换或者修理的行动。第二类是改装,通过对原有设计制造缺陷进行改正或改进,并对机队进行改装。第三类是限制,通过制定机队的运行或者维修要求进行限制,并要求使用维修单位实施。

　　在措施制定的实际过程中,措施的确定是一个迭代过程。首先,确定一个或者一组候选的措施。然后,针对候选措施从风险消除的有效性、及时性,措施制定的周期和成本,措施实施的保障等不同维度进行评估,并从中找到最佳的方案。接着,按照最佳方案确定一个措施计划。最后,进入到计划实施的阶段,在计划实施的阶段可能会对原先制定的方案进行调整,如有调整应再次对调整的方案进行评估,并修订计划,如此往复直至完成。

　　值得一提的是,在某些情况下所确定的措施在技术上可能不是最优的,措施的选择可以向周期成本或者实施保障等因素妥协,但是无论如何,措施不能向消除或者减轻航空器不安全状态的有效性妥协。

　　例如:B787机队曾经报告灭火手柄内部部件翘曲,该问题可能引起灭火手柄故障,导致当发动机出现火情的情况下灭火功能失效。波音公司着手开始重新设计灭火手柄,新设计所需的鉴定试验计划要到2019年8月份完成,2019年的第四季度完成该手柄的设计更改的批准。在波音公司完成相关技术工作之前,2019年2月,FAA颁发适航指令2019-02-03,要求在适航限制项目中增加28-AWL-FIRE,对手柄进行检查。适航指令颁发后,航空工业界包括波音公司在内向FAA提交了针对该适航指令的诸多意见,意见主要包括适航指令中一些技术细节的讨论以及将来批准的新设计如何作为该指令的等效替代措施等。从这个案例可以看出,虽然该适航指令的措施在技术上并不是最优,但迫于不安全状态的紧急程度,该适航指令中的措施对于减轻不安全状态是有效的,因此在波音公司没有完成设计更改之前,FAA 就颁发了临时性措施的适航指令。

4.6　措施发布

措施制定后,因制定措施的主体不同,措施发布的方式也不同。措施制定的主体一般可以分成三种:第一种是设计制造机构,第二种是使用维修单位,第三种是行业监管单位。为确保在役机队的运行安全,各个主体之间必须以法规的方式规定措施发布的路径、方式和性质,这部分的介绍将在第 5 章中说明。发布的对象大体可以分成对主体内部和对主体外部的航空产品。主体内部的航空产品是指某个机构或单位对该航空产品的制造改装或使用维修具有实际的控制权,除此之外的都是外部的航空产品。主体内部的航空产品一般都是以该主体的工程指令或者生产指令的方式发布措施。一般情况下,使用维修单位不会针对主体外部的航空产品发布措施,只有设计制造机构和行业监管单位会针对主体外部的航空产品发布措施。设计制造机构一般采用客户服务文件的形式,客户服务文件一般包括服务通告、服务信函、维修通告或者运行电报等等。行业监管部门一般采用适航指令、持续适航信息通告等形式发布。无论采用哪种形式,措施发布一般都具备以下的特点:

① 发布方法和途径对于受影响的用户是开放的,保证用户能够及时获得。

② 可以采用不同的文件形式来发布措施,但应明确各类文件所对应的内容、格式和使用要求,避免用户不必要的混淆。

③ 措施的内容包括原因、适用范围、符合性时间、航材工具信息和实施程序等。

设计制造机构或者政府主管部门针对主体外部的航空器发布措施,使用维修单位收到相应的文件后,需要对文件进行评估并决定是否实施,然后制定实施的计划,开展实施活动。以上使用维修单位的这些活动属于航空运行的范畴,相关活动的监管属于飞行标准范畴,不属于本书所述的持续适航的过程。

设计制造机构和政府主管部门一般会针对主体外部的航空产品发布措施,但是它们的性质不同。设计制造机构发布措施是为了履行其法律规定的职责,提高产品的客户服务的水平,改进航空产品质量,提升航空产品市场竞争力。这些措施具有警告、提醒或建议使用运行单位执行的作用,但是最终执行还是不执行,是由使用运行单位决定的。政府主管部门发布的措施,例如适航指令,一般具有强制力,使用运行单位必须执行,否则航空器将不再适航。所以,设计制造机构和民航主管部门在措施发布的问题上存在监管和被监管、批准和被批准的关系。例如:设计制造单位颁发的服务通告如果与航空产品安全相关,则这个服务通告必须经过其政府主管部门的批准后才能发布。又如:规章中规定发布的适航指令相关的设计更改必须经行业监管部门批准。除此之外,有些国家通过设计制造和行业监管部门签订合作协议,将持续适航过程相关的、与彼此双方工作紧密相连的工作流程进行协同,确保持续适航工作的高效开展。这些双方紧密相关的工作包括事件报告、不安全状态的确定、改正措施的确定、服务通告的批准颁发、计划适航指令的启动、适航指令的发布等。

在某些情况下,设计机构与政府主管部门针对某一特定的事件在技术方面可能存在分歧,尽管适航指令在颁发前有征求公众意见的环节,在绝大多数的情形下,政府主管部门的意见具有主导性,一般会被实施。由于政府主管部门发布的措施(适航指令)具有强制的特点,除非在航空产品的不安全状态非常确定的情形下,政府主管部门可能会采取一些断然的决定,但是这种强制力在任何时候都不能被滥用,否则后果不堪设想。反过来讲,设计机构必须高度重视政府主管部门的意见,应该进行双方充分的观点表达和技术沟通,并达成技术观点上的一致,努力在技术上消除飞机或者机队可能存在的不安全状态。另一方面,如果相应国家的行业监管部门缺乏相应的技术能力,在这种情况下,行业监管部门可能对航空产品的不安全状态的认知是不全面、不及时的,甚至是有偏差的,那么发布强制措施的行为就转变成形式的、流程的或者是官僚的活动。这种现象实质上造成了对于法律法规规定行业监管部门职责的偏离,可能对航空安全造成潜在的极其不利的影响。

4.7　经验总结

持续适航过程从信息获取到措施发布,已经识别的安全隐患被消除。虽然机队的不安全状态被有效地控制,但是经验总结工作是非常必要和重要的,尽管经验总结工作本身可能对机队的安全不产生直接的影响。

在减轻或者消除机队安全风险的措施选择过程中,因为受到符合性时间、周期、成本和保障等多方面的限制,当时选择的最佳措施在技术上可能并不是最优的。待风险消除后,设计制造机构有充足的时间和精力考虑飞机的技术改进。经验总结有利于飞机的不断技术进步,提高航空产品的竞争力。以抬头显示 HUD 为例,HUD能够将地面导航和飞行姿态信息集成显示在正前方的透明显示组件上,驾驶员可以保持平视状态注视正前方透明组件上的飞行信息。通过透明显示组件上的数据和飞机外界实景叠加,飞行员可以随时根据参数指示修正飞行状态,有效防止各类天气条件下飞机平飘距离过长和低空大坡度的事件,并能够降低着陆和起飞最低天气标准,对于提高飞机安全性、提升航班正常性、改善飞行品质都具有重要的意义。

在持续适航过程中,识别出的不安全状态很多是由于制造的质量逃逸或者是质量问题引起的,经验总结有利于改进制造质量。这个作用是显而易见的,持续适航过程中的每个环节,如果涉及到质量问题,都会输出相应内容作为质量整改或改进的输入。

在机队不安全状态的消除过程中,往往能够发现在当初设计时,设计意图、设计假设或者设计规范等方面存在瑕疵或错误,及时的经验总结能有效地提升下一个新的设计的完整性和正确性。以 A320 机队副翼舱裂纹为例,1999 年空客公司收到大量的 A320 机队副翼舱出现早期裂纹的报告,调查发现副翼舱的气体的非正常振动是导致该问题的根本原因。在设计之初,对于气体非正常振动的问题认知不足,最初的设计意图中,气体的非正常振动就没有被充分认知和考虑。通过在役机队暴露的问题,设计制造机构认识到存在的问题,在问题解决的过程中不断积累经验,改进设计,并完善相应的设计规范,为新的设计提供指导。

另外,持续适航的过程也能反映出现有适航标准要求的不足之处,及时的经验总结能为标准的制定和修订提供必要的输入。当前适航标准中很多条款的制定是缘起空难或者是不安全事件的深入调查。以适航标准中关于结构的损伤容限和疲劳评定的要求为例,该要求最早起源于英国"彗星"号客机事故。该机由英国德·哈维兰公司研发生产,是世界上第一款采用密封客舱增压的喷气式客机。该机于 1949 年首航,1952 年投入商业营运。但是从 1952 年 10 月到 1954 年 4 月的 18 个月里,在交付给 4 架航空公司的 17 架飞机中,就有 3 架相继发生事故,共有 99 名机组人员和乘客遇难。空难连续发生,世界震惊,首相丘吉尔下令,要不惜一切代价搞清事故原因。英国海军出动舰队从几百米深的海底打捞起失事飞机的残骸,送到皇家航空中心。优秀的科学家和工程师集中到一起,对几千块碎片进行各种试验和分析。甚至不惜成本,将"彗星"号飞机整体放入专用水槽中来模拟飞机在空气中的飞行情况。真相最终浮出水面,金属机体表面存在细小裂纹,飞机方形舷舱处的机身蒙皮,在反复的增压作用下,裂纹逐步扩展,直至结构失效,造成飞机在高空顷刻解体。在这之前,国际公认的设计要求只是在静强度设计中考虑合适的安全系数。事故调查表明仅仅考虑静强度设计远远不够。事故的教训使航空工业界对飞机结构的疲劳破坏重视起来。1965 年,美国联邦航空局颁布 25.571 条款,明确要求增压座舱及相关部件必须进行循环增压载荷和其他启动载荷共同作用下的疲劳试验。之后,该条款的每次修订的背后都是事故的经验教训。从 1969 年开始,美国空军 F-111、F-5A、KC-135 等飞机连续失事,为此,美国空军在 1974 年颁布了损伤容限设计规范,1978 年 FAA 通过修正案 25-45,增加了 25.571 条款的损伤容限要求。1988 年美国发生 ALO-HA 航空公司 234 航班事故,经过 10 年的分析和征求意见,1998 年,FAA 颁布 25-96 修正案,要求通过全尺寸疲劳试验进行广布疲劳评定来证明设计服役目标期内不会产生广布疲劳裂纹。

第 5 章　持续适航管理

第 4 章讲述了持续适航工作的一般过程,为实现这些过程中的技术内容,《国际民用航空公约》附件八"航空器适航"规定了各个缔约国在型号合格审定过程和持续适航过程中的适航职责,并在 Doc 9760《适航手册》中给出了指南,而各个国家为履行这些职责,通过立法定标将持续适航的主体职责和监管职责进行分解,落实到适航规章和规范性文件的要求中去,由各相关责任主体履行职责,共同确保航空器的适航与安全。本章主要介绍 ICAO 公约附件中关于持续适航的要求和指南、各国持续适航规章要求以及相关的工业实践。

5.1　《国际民用航空公约》附件八的要求

《国际民用航空公约》附件八"航空器适航"中第四章持续适航给出了设计国在持续适航方面的责任,主要包括两方面:

(1) 设计国应向缔约国提供强制持续适航信息;

(2) 设计国应建立体系:

① 收集飞机注册国提供的故障、失效和缺陷信息。

② 判定是否需采取强制纠正措施和采取措施的符合性时间。

③ 制定必要的纠正措施。

④ 发布相应的纠正措施和强制适航信息。

这里的强制持续适航信息指对飞机的改装、部件更换或检查,以及运行限制和程序的修订等强制要求。这些强制持续适航信息由登记国以适航指令的形式颁发。

Doc 9760《适航手册》是附件八"航空器适航"的指导文件,对设计国如何履行这些责任给出了建议性的指导,用以帮助各国制定满足其需求的规章。规章的实施将使各国能够更好地履行公约义务。《适航手册》的第一章主要介绍了国家的适航职责,适航当局的组织机构;第四章详细介绍了持续适航的概念、工作内容、组织机构的职责等内容,为各国履行持续适航职责提供了框架内容。

5.2　美国的持续适航管理

5.2.1　FAA 的立法和定标

FAA 作为美国适航当局,将设计国的持续适航职责主要分成两部分,一部分是型号合格证持有人落实产品的主体持续适航职责；另一部分是设计国局方的持续适航监管职责。体现在规章上也主要分成两部分，一部分落实在 FAR 21 部上，要求设计批准持有人进行报告，并对不安全状态进行设计更改，包括条款 FAR 21.3 报告失效、故障和缺陷和 FAR 21.99 要求的设计更改；另一部分落实在 FAR 39 部适航指令上，当 FAA 确定产品出现不安全状态时，颁发适航指令，包括 39 部所有条款内容及 39 部相关修正案。

1. FAR 21 民用航空产品和零部件合格审定规定

FAA 在 FAR 21 部中对产品设计批准持有人提出了事件报告和制定纠正措施的要求。

(1) 报告要求

1) 报告的条款要求

FAA 通过"FAR 21.3 条报告故障、缺陷和失效"要求设计批准持有人在特定情况下要向局方报告。此条款要求型号合格证、补充型号合格证、零部件制造人批准书和技术标准规定项目批准书的持有人，在确认其制造的任何民用航空产品或者项目出现的故障、失效或缺陷造成了以下 13 种情况时，必须向局方报告，以及在确认其制造的任何民用航空产品或者项目由于偏离了质量控制系统而出现的缺陷可能造成以下 13 种情况时，必须向局方报告：

① 由于航空器系统或者设备的故障、失效或缺陷而引起着火；

② 由于发动机排气系统的故障、失效或缺陷而使发动机或者相邻的航空器结构、设备或部件损伤；

③ 驾驶舱或客舱内出现有毒或有害气体；

④ 螺旋桨操纵系统出现故障、失效或缺陷；

⑤ 螺旋桨、旋翼桨毂或桨叶结构发生损坏；

⑥ 在正常点火源附近有易燃液体渗漏；

⑦ 由于使用期间的结构或材料损坏而引起刹车系统失效；

⑧ 任何自发情况（如疲劳、腐蚀、强度不够等）引起的航空器主要结构的严重缺陷或损坏；

⑨ 由于结构或系统的故障、失效或缺陷而引起的任何异常振动或抖振；

⑩ 发动机失效；

⑪ 干扰航空器的正常操纵并降低飞行品质的任何结构或飞行操纵系统的故障、失效或缺陷；

⑫ 在航空器规定使用期间内，一套或一套以上的发电系统或液压系统完全失效；

⑬ 在航空器规定使用期间内，一个以上的空速仪表、姿态仪表或高度仪表出现故障或失效。

　　2）报告的时间和内容要求

　　（1）在确认故障、失效或缺陷存在 24 小时后应向当地的 ACO（航空器审定办公室）报告，当报告时间在星期六、星期日或者节假日时可顺延到下一个工作日。

　　（2）必须迅速以 FAA 可以接受的方式和表单提交。

　　（3）必须尽可能多地包含以下信息：

　　① 由 45 部（注：Part 45 Identification and Registration Marking）要求的产品或项目的序列号；

　　② 系统的序列号；

　　③ 故障、失效或缺陷的性质。

　　如果事故调查或使用困难报告表明产品或部件由于制造或设计存在缺陷，生产合格证持有人必须向 FAA 报告其调查结果和采取的纠正措施。如果需要对在役机型的缺陷进行纠正，则型号合格证持有人必须向相应 ACO 提供必要的信息以便颁发 AD。

　　FAA 此条款要求设计批准持有人向 FAA ACO 报告航空产品的故障、缺陷和失效，条款内容包括报告的主体、报告的要求、报告的内容和情形。FAA 官网上对报告的过程进行了解释，主要包括以下工作：

　　① 形成报告内容；

　　② 建立报告方式；

　　③ 确定向谁报告；

　　④ 收集、监控和调查不安全事件；

　　⑤ 确定要报告的不安全事件；

　　⑥ 报告不安全事件；

　　⑦ 让 FAA 对事件进展及时了解并继续报告。

　　可以看出，要求设计批准持有人报告故障、缺陷和失效这一条款，包含的不仅是报告本身，还隐含了监控、收集和调查不安全事件以及后续纠正措施制定等工作，但对设计批准持有人实现这些工作过程的体系和组织机构没有明确要求。

　　（2）设计更改的要求

　　当 FAA 按照 FAR39 部的规定颁发 AD 并要求型号合格证持有人进行设计更改时，FAA 通过"FAR 21.99 要求的设计更改"条款要求型号合格证持有人应将适航指令要求的设计更改报局方批准，并向航空产品的所有人或运营人发布设计更改的准确信息。

　　FAR 21.99 要求的设计更改如下：

　　（1）局方颁发适航指令时，型号合格证持有人应当：

　　① 按照适航指令的要求提出相应的设计更改方案供局方批准；

　　②根据局方对该设计更改方案发出的设计更改批准，向有关使用人和所有人提供更改情况的说明性资料。

（2）目前没有不安全状态，但本条上述证件持有人根据使用经验认为对某型号进行设计更改将有利于民用航空产品的安全性时，本条上述证件持有人应当向局方提交相应的设计更改资料，经局方批准后实施。持有人应当将经批准的设计更改的资料提供给该型号民用航空产品所有的使用人或者所有人。

2. FAR 39 部的要求

FAR 39 主体属于局方管理规章，采用的是通俗的语言，共 14 条，其中 12 条以问答的方式对适航指令的目的、定义以及颁发条件等问题进行了规定；另外，每一份颁发的适航指令都是规章要求，在联邦公报上公布，作为 39 部规章的修正案。

FAA 接收设计批准人报告的故障、缺陷和失效并对其产品进行安全评估，若产品存在不安全的状态，并且这种状态很可能存在于或发生于同型号设计的其他产品之中，则确定纠正措施并颁发适航指令。

3. 规章相关的规范性文件

FAA 为了满足 FAR 39 部规章要求，围绕 AD 颁发的条件、AD 的要素和 AD 的流程，编制了一系列 Order 来明确和规范相关职责、标准、方法和流程。直接与作为设计国局方颁发 AD 相关的程序主要有三份：

① Order 8040.1C Airworthiness Directives。主要阐明了 FAA 在编制和颁布 AD 过程中的职责和任务安排。

② FAA - IR - M - 8040.1C Airworthiness Directives Manual（AD 手册）。主要对起草、发布和分发 AD 提供政策和指导；解释与 AD 相关的法律，说明编写 AD 的步骤程序，以及与 AD 相关的政策问题。

③ Order 8100.103：Alternative Method of Compliance（AMOC）。就 AD 的等效替代方法给出规定。

为支持设计国局方对设计批准持有人报告事件信息进行技术评估和安全决定，FAA 于 2010 年发布了 Order 8110.107 Monitor Safety/Analyze Data（MSAD），其主要目的是用此过程分析持续运行安全数据并监控机队的安全，识别产品的安全问题和引起安全问题的原因，并确定纠正措施以缓解机队的安全风险。

为了贯彻 MSAD 方法，原运输类飞机审定中心编制了运输飞机风险评估方法（Transport Airplane Risk Assessment Methodology，TARAM）政策和手册用来指导运输类飞机不安全状态的风险评估工作，其功能与 AC39 - 8 类似（AC39 - 8 是针对发动机、APU 的不安全状态评估分析的，对运输类飞机仅提出了修正），TARAM 是一种概率风险评估方法，用于判定运输类飞机持续运行中的不安全状态，为准确评估风险后续缓解措施的制定及其符合性期限的确定提供重要依据。

TARAM 与 MSAD 结合构成了对机队持续运行安全的闭环控制，如图 5.1 所示。

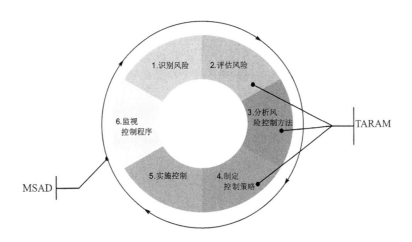

图 5.1　机队持续运行安全的闭环控制

5.2.2　美国的持续适航管理实践

1. FAA 与波音公司的持续运行安全计划(COSP)

为及时发现和解决机队安全问题,提高双方的工作效率,FAA 和波音公司在基于上述规章要求的基础上,签署了持续运行安全合作计划(COSP)(见图 5.2),约定了双方在持续运行安全方面的目标、责任和工作内容,是安全合作计划(PSP)的重要部分。

图 5.2　安全合作计划示意图

双方通过 COSP 的合作,收集、分析事件信息以确保:

① 及时发现导致或可能导致不安全状态的设计或质量问题;

② 确认适用的纠正措施。

FAA 和波音公司一致认为,波音公司有专业能力和资源去报告事件、分析根原因、评估事件影响和制定纠正措施;FAA 则负责确定存在或可能存在的不安全状态,以及必要的措施;双方通过持续安全合作计划高效运行。

2. FAA 与波音公司关于持续运行安全的工作实践

FAR 21.3 仅要求设计批准持有人报告可能导致不安全状态的 13 种情形,但实际上大量对安全有提升作用的信息隐藏在很多其他事件中,FAA 和波音公司为确保航空器的持续运行安全(COS),完成除规章要求之外的、有助于及时发现和解决产品安全问题的工作,共同签署了持续运行安全计划及工作协议(Working Agreement)。通过明确责任、合理分工、科学管理,实现安全合作机制对提前发现风险、评估和缓解风险能力的提升,同时提高局方与制造商关于解决产品安全问题的合作效率。

FAA 和波音公司用于报告事件,分析和解决影响在役机队的潜在安全问题的持续运行安全(COS)过程可以归纳为四个主要子过程(见图 5.3):

① 事件管理;

② 识别潜在的安全问题;

③ 安全决策;

④ 问题解决。

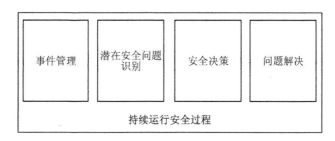

图 5.3　持续运行安全过程图

(1) 事件管理

(1) 波音公司通过以下来源收集事件信息并记录在数据库中:

① 客户服务的驻场代表;

② 制造部门;

③ 飞行试验;

④ 工程试验和分析;

⑤ 供应商;

⑥ NTSB 的调查;

⑦ FAA;

⑧ 其他来源。

(2) 波音公司按照 FAR 21.3 和 COSP 的报告标准进行筛选,将符合标准的事件报告给 FAA 的 ACO。ACO 审查事件,并向波音公司反馈要求,波音公司根据 FAA 的要求,将事件分析过程中的根原因分析、风险评估等信息报告给 ACO。

(3) 波音公司将分析事件后的结果提交下一步委员会审议。流程如图 5.4 所示。

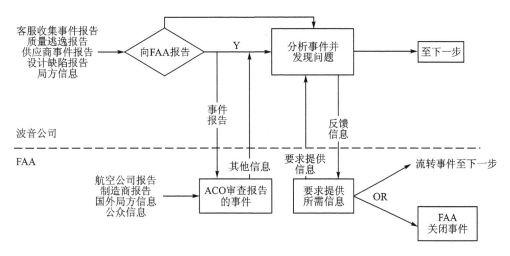

图 5.4　事件管理流程图

(2) 潜在安全的识别

① 波音公司适航安全部门对事件进行安全分析,若事件存在潜在安全问题,则提交委员会审查。波音公司有两个委员会,一个是 EIB 工程调查委员会(Engineering Investigation Board),它负责审议单机型出现的潜在安全问题,主要对明显的潜在安全事件进行快速判定;若事件涉及多机型,或 EIB 对安全判定有异议,则提交 SRB 安全审查委员会(Safety Review Board)审议。在会议之前,波音公司需将会议议程发送给 FAA,FAA 将视情况决定是否参加会议。

② FAA ACO 对收到的事件进行安全风险评估,判定是否存在潜在不安全状态,若存在潜在不安全状态,则更新 FAA 的 AD 计划清单,并通知波音公司。流程如图 5.5 所示。

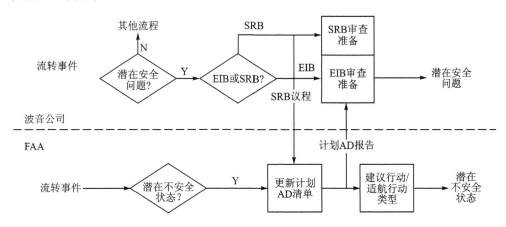

图 5.5　潜在安全问题识别的流程图

（3）安全决策

① 波音公司的 EIB 或 SRB 对潜在的安全问题进行审议，作出安全决策，并安排代表参加 FAA 的 COS 委员会，并形成最终委员会结论。

② FAA 根据波音公司的安全决策和后续解决问题的相关信息制定适航指令工作单，并将相关安全问题提交 COS 委员会审议，并形成委员会决策。流程如图 5.6 所示。

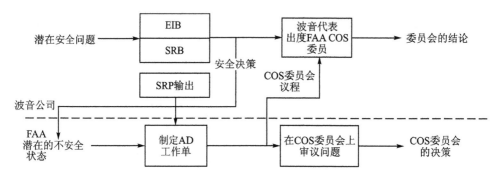

图 5.6　安全决策的流程图

（4）问题解决

① 波音公司通过 SRP 流程（在役问题处理流程）将委员会的决策内容落实到产品上，包括纠正措施及符合性时间期限，并将这些信息报告给 FAA。

② FAA 按照 COS 委员会的结论编制 NPRM（规章制定建议通告）技术内容，并征求意见，最后颁发 AD。流程如图 5.7 所示。

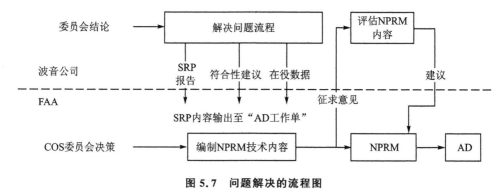

图 5.7　问题解决的流程图

5.3　欧洲的持续适航管理

5.3.1　EASA 的立法定标

EASA 作为欧盟的航空安全主管局方，在其 21 部中通过两个条款将设计国的持续适航职责要求落实，一个是 21A.3 故障、缺陷和失效，要求设计批准持有人应建立系统，收集、调查和分析与故障、缺陷和失效相关的报告和信息，并要求向局方报告可能导致不安全状态的故障、缺陷和失效；另一个是 21A.3B 适航指令，此条款给出了适航指令的定义，并指出在产品出现不安全状态时，EASA 应颁发适航指令消除不安全状态，设计批准持有人应按适航指令要求向局方提交设计更改以获得批准，同时提供适航指令应包含的基本内容。

(1) 21A.3 故障、缺陷和失效

① 收集、调查和分析数据的系统。设计批准持有人应有一个体系，用于收集、调查和分析航空产品或零部件造成或可能造成不利于持续适航的故障、缺陷、失效或其他事件。

② 报告局方。设计批准持有人应向局方报告造成或可能造成不安全状态的故障、缺陷或其他事件。报告应在确认可能存在不安全状态后 72 小时内以规定的方式完成。

③ 调查报告的事件。设计批准持有人应对报告的事件进行调查，并把调查结果和纠正措施方案向局方报告。

(2) 21A.3B 适航指令

① 适航指令是由局方为飞机恢复到可接受的安全水平而颁发或采用的强制性措施文件，否则可能危及飞机的安全水平。

② 当某一民用航空产品存在不安全的状态，并且这种状态很可能存在于或发生于同型号设计的其他民用航空产品之中时，局方应颁发适航指令。

③ 当局方针对不安全状态的纠正颁发适航指令后，TC、RTC、STC、大修设计批准、ETSOA 和相关批准持有人应提出适当的纠正措施、检查或其组合，并提交局方批准，而且在局方批准后，向产品持有人、运营人提供符合适航指令所需的描述文件和实施指南。

5.3.2　欧洲的持续适航管理实践

1. 空客公司的持续适航管理

空客公司成立了产品安全董事会(Product Safety Board，PSB)，此董事会设置为空客集团级别(Corporate Level)，全面负责空客产品的安全事务，并主要通过产品安全过程(Product Safety Process，PSP)及其相关的组织机构、企业内部程序、方法和标准来实现空客产品的持续适航目标：

① 所有适用于空客飞机的事件都应记录并进行分析评估；

② 根据分析评估结果制定纠正措施并执行，保持空客飞机的适航性；

③ 从事件中吸取经验教训，改进设计，提高空客飞机的安全性。

该产品安全董事会(PSB)是由空客公司建立的最高级别的产品安全组织。其主要工作原则如下：

① 确保收集到可能导致潜在安全问题的事件；

② 确保对涉及工程、制造、运行、维修的事件进行完整的分析；

③ 确保基于上述分析,采取正确的措施并进行验证,并在适用的场合启动和执行这些措施。

产品安全管理董事会的任务是管理有关产品安全总体形势,决定有关空客和资产飞机的主要问题并采取措施,这一过程可能对空客公司产生重大影响。

空客的产品安全过程(PSP)主要通过两个阶段来完成这些目标：

① 收集事件。这一阶段任务主要是确保收集并记录到所有能够吸取经验的事件,对事件进行判定,检查完整性和精确性,以便为后续步骤做好准备。

② 分析评估事件,做出决策,执行行动。这一阶段的任务是对上一阶段收集的事件进行报告及对详细的事件进行分析评估,确保基于上述收集到的事件能够进行事件判定、风险评估并制定纠正措施,如图 5.8 所示。

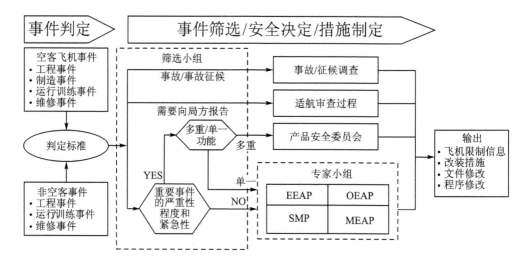

图 5.8　"分析评估事件、做出决策、执行行动"流程图

在产品安全董事会(PSB)下,空客设置了筛选小组(Screen Panel)、产品安全委员会(Product Safety Committee,PSC)、四个专家小组(Panels of Experts)进行事件信息的分析评估并制定纠正措施。

筛选小组主要负责对判定的事件进行风险评估,筛选出红色、橙色和绿色的事件,确定向局方报告的事件,并将筛选后的事件分配给产品安全委员会和各职能小组做进一步分析。

产品安全委员会的职责是对涉及多重专业的事件进行完整、协调的分析,为预防事件的再次发生和提前加强安全提出建议。

各专业小组主要对筛选小组分配的单一专业的工程、运行、维修和制造事件进行调查、分析,并保证相应纠正措施的完成。

对于产品安全过程中每个委员会及各小组,都有相应的程序规定其职责、工作流程、争端解决机制等内容。此外,还有三个程序分别将持续适航、适航审查会议和事故事件调查的工作以程序的形式体现出来。

空客公司的产品安全过程(PSP)的运作包含组织机构加上相应的程序和体系平台共同保证了空客飞机的持续适航和安全。

整个持续适航过程如图 5.9 所示。

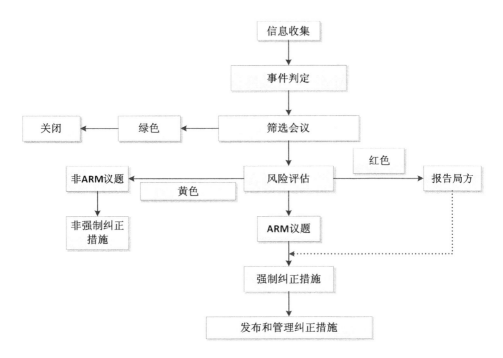

图 5.9 空客公司的持续适航全过程

① 信息收集。要求所有空客公司员工要时刻关注飞机的适航与安全,收集与适航、安全相关的信息,发现可能影响适航、安全的问题立即报告给相关部门。

② 事件判定。空客公司按照事件判定的标准,如 EASA 的 AMC 20-8,将符合标准的事件判定出来,提交筛选小组。

③ 筛选会议。筛选小组通过筛选会议,初步将事件筛选为红色、橙色和绿色,并分发至相应的专业小组。

④ 风险评估。各专业小组或安全委员会对事件风险进行评估决策,红色事件将报告给 EASA,橙色事件将作为议题在适航审查会上进行讨论。

⑤ 持续适航审查会(ARM)。持续适航审查会是由 EASA 主持、空客公司组织召开的会议,目的是双方能够对于事件的安全风险水平及采取的措施达成一致认识,

确定可能存在的不安全状态。

⑥ 强制纠正措施。若事件是红色或橙色,则设计部门将制定相应的纠正措施,将安全风险缓解至可接受的水平。

⑦ 管理纠正措施。客服部门发布相应的改正措施并进行跟踪监控和评估,确保改正措施在规定的时间内正确实施。

2. EASA 的持续适航管理

空客公司按照 EASA IR 21A.3 建立其持续适航体系后,EASA 的设计组织(DO)Manager(设计组织经理)负责通过对 DO 的评审、监督和管理来保证持续适航体系的有效性。

当空客公司的飞机投入运行后,EASA 的 PCM(项目审定经理)承担其颁发型号合格证产品的持续适航监管责任,由 EASA 审定专家提供支持。

EASA 的 PCM 一般通过参加持续适航审查会,确定产品是否存在不安全状态。持续适航审查会由 PCM 主持,由空客公司适航总师组织,与事件评估有关的空客公司工程专家、客户服务人员均要参加会议。会议上确定为不安全事件时,空客公司适航部门制定 ARS(适航审查单),记录按颜色划分事件等级,ARS 内容包括事件背景、事件调查根原因、事件风险等级、将要采取的纠正措施及空客公司的立场等。ARS 在空客调查、分析并得出结论后,由 PCM 同意后关闭。

当 PCM 确定航空器存在不安全状态,并且这种状态很可能存在于或发生在其他航空器产品之中时,PCM 要求空客公司提交纠正措施和符合性时间期限,在适航审查会上对其进行评审,随后,PCM 准备计划 AD 草案并征求公众意见,在汇总来自各方意见的基础上,PCM 将评估是否需要颁发 AD,直至最后颁发 AD。

5.4　我国的持续适航管理

5.4.1　CAAC 的立法定标

CAAC 作为中国适航当局,将 ICAO 附件八"航空器适航"中设计国的持续适航职责分解到两部规章上去,一部是 CCAR 21 部《民用航空产品和零部件合格审定规定》,要求设计批准持有人应有体系,收集、调查和分析其设计的民用航空产品或者零部件出现的故障、失效和缺陷,并向局方报告;当局方颁发适航指令时,要求设计批准持有人提交要求的设计以供批准。另一部是 CCAR 39 部《民用航空器适航指令规定》,当 CAAC 发现民用航空产品上存在不安全状态或航空产品没有按批准的设计标准生产时,颁发适航指令,包括 39 部所有条款内容和相关的修正案。

1. CCAR 21 部《民用航空产品和零部件合格审定规定》

(1) CCAR 21.5 故障、缺陷和失效的报告

此条款要求设计批准持有人应当建立系统,收集、调查和分析其设计的民用航空产品或者零部件出现的故障、失效和缺陷。在确认其制造的任何民用航空产品或者项目出现的故障、失效或缺陷造成了以下 13 种情况时,必须向局方报告,以及在确认其制造的任何民用航空产品或者项目由于偏离了质量控制系统而出现的缺陷可能造成以下 13 种情况时,必须向局方报告:

① 由于航空器系统或者设备的故障、失效或缺陷而引起着火;

② 由于发动机排气系统的故障、失效或缺陷而使发动机或者相邻的航空器结构、设备或部件损伤;

③ 驾驶舱或客舱内出现有毒或有害气体;

④ 螺旋桨操纵系统出现故障、失效或缺陷;

⑤ 螺旋桨、旋翼桨毂或桨叶结构发生损坏;

⑥ 在正常点火源附近,有易燃液体渗漏;

⑦ 由于使用期间的结构或材料损坏而引起刹车系统失效;

⑧ 任何自发情况(如疲劳、腐蚀、强度不够等)引起的航空器主要结构的严重缺陷或损坏;

⑨ 由于结构或系统的故障、失效或缺陷而引起的任何异常振动或抖振;

⑩ 发动机失效;

⑪ 干扰航空器的正常操纵并降低飞行品质的任何结构或飞行操纵系统的故障、失效或缺陷;

⑫ 在航空器规定使用期间内,一套或一套以上的发电系统或液压系统完全失效;

⑬ 在航空器规定使用期间内,一个以上的空速仪表、姿态仪表或高度仪表出现故障或失效。

在确认故障、失效或者缺陷存在后 48 小时内,设计批准持有人应当按照规定的格式向局方提交报告。报告的内容包括:

① 航空器的序列号;

② 如果故障、失效或者缺陷涉及机载设备,则该机载设备的系列号和型别代号;

③ 如果故障、失效或者缺陷涉及发动机或者螺旋桨,则该发动机或者螺旋桨的系列号;

④ 民用航空产品型别;

⑤ 涉及的零部件、组件或者系统的标志,包括零件件号;

⑥ 故障、失效或者缺陷的性质;

⑦ 故障、失效或者缺陷出现的时间、地点和初步原因分析。

　　如果事故调查或者使用困难报告表明根据本规定生产的民用航空产品或者零部件由于制造或者设计缺陷而处于不安全的状态,该民用航空产品或者零部件的设计批准持有人应当向局方报告调查的结果,以及用于纠正该缺陷已采取的和拟采取的措施。如果要求对现有的民用航空产品或者零部件采取纠正缺陷的措施,设计批准持有人应当向局方提供颁发适航指令所需的资料。

　　CAAC 在此条款中除要求设计批准持有人向局方报告航空产品的故障、缺陷和失效外,还明确要求其建立一个持续适航体系,用以收集、评估和调查事件,并在确定产品存在不安全状态后制定纠正措施来缓解风险,将安全水平控制在可接受的范围内。

　　(2) CCAR 21.99 要求的设计更改

　　(1) 局方颁发的适航指令涉及的民用航空产品,其设计批准持有人应当符合以下规定:

　　① 在局方确定需要进行设计更改以纠正产品的不安全状况时,提交适当的设计更改以供批准;

　　② 在该设计更改得到批准后,使得有关该更改的说明材料可被此前按照该型号合格证审定的产品的所有使用人获得。

　　(2)目前没有不安全状态,但局方或者设计批准持有人根据使用经验确定设计更改将对该民用航空产品的安全性有帮助时,设计批准持有人可将适当的设计更改提交局方批准。更改经批准后,该设计批准持有人应当使得有关该设计更改的信息可被相同型号产品的所有使用人获得。

　　第一条指型号合格证持有人按适航指令的要求提出相应的设计更改方案供局批准,此条是强制的、必须的。第二条允许型号合格证持有人在没有不安全状态情况下提供对安全有积极影响的设计更改资料供局方批准,此条是非强制的、自愿的。

　　2. CCAR 39《民用航空器适航指令规定》

　　CCAR 39 要求当国产民用航空产品处于下述情况之一时,局方颁发适航指令:

　　① 某一民用航空产品存在不安全的状态,并且这种状态很可能存在于或发生于同型号设计的其他民用航空产品之中;

　　② 当发现民用航空产品没有按照该产品型号合格证批准的设计标准生产时。

　　3. 规范性文件

　　根据 CCAR21.5 和 21.99 的要求,航空器型号合格证持有人必须要承担故障、失效和缺陷报告的职责,必须建立并完善持续适航体系,全面收集运行数据和使用经验(不利于适航的信息,如故障、失效、缺陷、事件等),通过定性和定量的评估来判断航空器实际运行的安全风险水平,并在此基础上采取必要的措施。

　　为指导和规范型号合格证持有人(航空器设计制造企业)的持续适航体系建设,CAAC 发布了相关的咨询通告(AC-21-AA-2013-19《型号合格证持有人持续适航体系的要求》),为型号合格证持有人建立持续适航体系提供了指导。

5.4.2　我国的持续适航管理实践

1. 持续运行安全合作计划

本节主要讲述了中国民航局(ARJ21-700 飞机持续适航管理机构)和中国商飞(ARJ21-700 飞机型号合格证持有人)关于 ARJ21-700 飞机产品持续运行安全签署的合作计划,以及双方对 ARJ21-700 飞机的产品安全管理思路和具体实践。

(1) 持续运行安全合作计划的签署

为了及时发现和解决 ARJ21-700 型飞机投入运行后相关型号设计、制造的安全问题,提高效率,实现 ARJ21-700 型飞机的持续运行安全,由中国民用航空局与中国商用飞机有限责任公司(以下简称"中国商飞公司")共同签订了持续运行安全合作计划(Continued Operational Safety Plan, COSP)。

双方通过开展本 COSP 规定的以下活动,提高工作效率,共同促进 ARJ21-700 型飞机的持续改进:

① 明确双方在持续适航活动中的组织机构;

② 建立和完善相关持续适航的流程、方法和标准;

③ 主动、及时有效地识别和解决产品的潜在安全问题;

④ 在经验总结的基础上,不断完善持续适航体系。

COSP 是一种协议性文件,不改变或减轻中国商飞公司或中国民用航空局依据有关法规和政策程序所规定的权利和责任。

COSP 约定了双方的组织机构、合作内容、合作方式和沟通协调方面的基础框架。

(2) 落实合作计划的组织机构

中国民用航空局和中国商飞公司设立专门的机构,落实 COSP 的要求,有效地开展 COSP 的工作。

(1) 中国民航局。为了使中国商飞公司 ARJ21-700 型飞机持续符合经批准的设计,并始终处于安全运行状态,中国民用航空局作为中国民用航空的主管部门,负责接收、评估中国商飞公司提交的报告,在飞机型号存在不安全状态或发现没有按照型号合格证批准的设计标准生产时,颁发适航指令。

为保证 ARJ21-700 型飞机相关工程技术工作的顺利开展,上海审定中心成立了 ARJ21-700 型飞机持续适航技术评估组,其工作包括:

① 收集影响 ARJ21-700 型飞机持续运行安全的信息;

② 开展对信息的分析和评估,识别 ARJ21-700 型飞机的安全问题;

③ 开展 ARJ21-700 型飞机产品安全问题的调查工作;

④ 提出产品安全问题的解决方案建议;

⑤ 编制 ARJ21-700 型飞机适航指令;

⑥ 开展 ARJ21-700 型飞机持续适航体系的监督和管理;

⑦ 提出持续适航相关规章和规范性文件编制和修订的建议。

（2）中国商飞。中国商飞公司作为 ARJ21‑700 型飞机的型号合格证持有人，将按照中国民用航空规章的要求，监控机队的运行，及时有效地识别并分析潜在的安全问题，准确地将潜在的安全问题报告中国民用航空局，制定和发布合适的措施，将飞机风险控制在可接受的安全水平内。

中国商飞公司成立了持续适航委员会，负责实施协议。持续适航委员会主任由中国商飞公司主管适航安全的副总经理担任，委员会职责包括：

① 明确中国商飞公司持续适航工作的目标和要求；

② 保障中国商飞公司为落实持续适航职责所需的资源；

③ 决策中国商飞公司 ARJ21‑700 型飞机的安全问题。

为使中国商飞公司持续适航工作更有效地开展，中国商飞公司持续适航工作管理采用持续适航委员会、持续适航技术委员会两级委员会制度。持续适航技术委员会在持续适航委员会的领导下，主要负责：

① ARJ21‑700 型飞机持续适航具体技术决策；

② 提出持续适航相关的设计规范、准则的修订完善建议。

中国商飞公司成立持续适航委员会办公室，作为持续适航委员会和持续适航技术委员会的日常办事机构，具体执行本协议，其职责包括：

① 持续适航工作的协调和工作分配；

② 跟踪局方对持续适航工作的具体要求，并组织落实；

③ 收集影响飞机安全的信息并进行分析评估，提出管理改正措施，按需上报局方。

（3）合作计划内容

中国民用航空局和中国商飞公司通力合作，建立双方交流共享信息，整合利用资源，协调解决分歧，共同推进国产民机产业的发展，并采用双方共同认可的流程和方式，持续开展与 ARJ21‑700 型飞机运行安全管理相关的活动。通过双方的共同协作，及时识别飞机的产品安全问题，并及早提出应对措施和解决方案。合作内容包括但不限于：

① 以规章要求为基础，为尽早发现飞机潜在不安全状态，形成双方同意的事件报告标准，并不断完善；

② 本着相互信任的原则，对飞机不安全状态的判定、根原因的确定和纠正措施的制定达成一致；

③ 共同总结经验，不断提高飞机的产品安全性，推进设计规范和规章的进步；

④ 共同研究持续适航相关的标准、方法和程序，持续推进国产民机持续适航体系的构建；

⑤ 定期评估 COSP 的执行情况，并持续改进。

（4）合作计划实施

为了落实持续运行安全合作计划的要求,中国民航上海航空器适航审定中心和中国商用飞机有限责任公司分别建立协调一致的持续适航工作程序,并确保以下工作得以及时、高效地实施:

① 事件报告管理;

② 潜在安全问题识别;

③ 安全问题确定;

④ 安全问题解决。

2. 中国商飞公司的持续适航管理

中国商飞公司根据持续运行安全合作计划的要求,并按照 CCAR - 21《民用航空产品和零部件合格审定规定》、AC - 21 - AA - 2013 - 19《型号合格证持有人持续适航体系的要求》和公司实际情况,建立了一套持续适航管理体系,它通过对不利于机队安全的信息进行全面的收集、分析和评估来判定实际的适航风险水平,并在此基础上决定是否采取必要的措施,从而对飞机和整个机队实施全面的持续安全管理,以履行规章要求的持续适航责任,保证飞机的持续运行安全。持续适航体系的运行是一个闭环控制过程,其过程如下:

① 收集对飞机安全造成或可能造成不利影响的故障、失效、缺陷和其他事件的信息;

② 对收集到的事件信息评估分析,判定是否可能导致飞机或机队处于不安全状态,并确定飞机不安全状态允许的最大改正期限;

③ 进行调查,对事件根原因和促使原因进行必要的调查和分析,提出改正/改进措施建议;

④ 向局方报告故障、失效和缺陷及不安全状态事件,并向局方提供相关的资料;

⑤ 制定、发布适当的改正/改进措施,以将适航风险水平控制在可接受的范围内;

⑥ 持续适航经验总结,推动规范、标准和方法的完善。

（1）持续适航管理组织机构

中国商飞公司建立持续适航委员会,全面负责管理公司的持续适航体系,是持续适航工作的最高管理机构。为使持续适航体系更有效地运行,其对持续适航管理采用两级委员会制度,持续适航委员会下设持续适航技术委员会,对持续适航技术问题进行决策,两级委员会设办公室作为日常办事机构,负责持续适航体系工作的日常管理及与局方的联络;中国商飞公司设计研发中心、总装制造中心、客户服务中心、民机试飞中心、基础能力中心的各相关部门在持续适航委员会/技术委员会领导下按照持续适航体系的程序和标准确保公司持续适航体系的有效运行。中国商飞公司目前仅有 ARJ21 - 700 飞机取得型号合格证,并相应进入持续适航阶段,持续适航两级委员会人员主要由 ARJ21 项目相关人员组成。

（2）持续适航工作流程

中国商飞公司的持续适航工作流程分为以下几个阶段，包括事件收集、事件判定、事件调查、制定改正/改进措施、管理改正/改进措施、向局方报告、持续适航审查会几个部分，如图 5.10 所示。

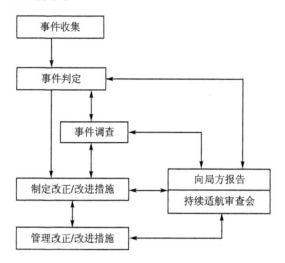

图 5.10　中国商飞的持续适航工作流程图

（1）事件收集。中国商飞公司要求所有设计、制造、客服、试飞部门人员应明确持续适航的理念和持续适航体系的要求，全员参与事件信息的收集与报告过程，确保事件信息能够及时、有效地收集。各部门将收集到的影响或者可能影响飞机安全的各类信息报告给持续适航委员会办公室。

全面、准确和及时地收集影响或者可能影响航空器持续适航的故障、失效、缺陷及其他不安全事件的信息是持续适航体系正常运行的基本保证。

（2）事件判定。事件判定包括事件筛选和事件风险评估。

1）事件筛选

持续适航委员会办公室接收到事件报告后，开展事件筛选工作，筛选结果由适航副总师批准。筛选出红色事件，立即采取措施缓解风险；筛选出绿色事件，予以关闭，并对红色/橙色/黄色事件实现初步筛选后启动分析及处理流程。

2）事件风险评估

商飞设计部门针对事件筛选为红色、橙色或黄色事件开展分析工作，给出问题的根原因、受影响飞机、风险水平、措施时限以及机队措施方案（临时、最终），确保因设计、制造引起的不安全状态得到全部识别并控制。在事件风险评估过程中，问题的根原因、受影响飞机及机队措施建议通过事件调查给出，事件风险评估工作完成后，由持续适航技术委员会批准/确认。

（3）事件调查。若事件筛选为红色、橙色或黄色的事件，则商飞设计部门开展调查工作,包括事件发生的根本原因及影响因素、受影响飞机、机队改正/改进措施建议。事件调查工作完成后,由持续适航技术委员会批准/确认。

当商飞设计部门无法单独完成调查工作时,发出事件调查建议,由项目管理办公室组织开展事件调查,根据事件的性质、影响范围等因素成立调查组,调查组组长对调查结论负责并提出机队改正/改进措施建议。事件调查组在调查过程中/完成事件调查后,形成事件调查初步分析/调查结论并根据实际情况及需要提出机队改正/改进措施建议,并发送至持续适航委员会办公室,由其传递至相应设计部门。

(4)制定和管理改正/改进措施。当事件的风险评估结果为红色和橙色时,由持续适航技术委员会进行决议,持续适航委员办公室在决策意见确定后负责分解机队改正/改进措施建议,下发项目任务及工作计划并立即传递项目管理办公室、措施制定责任单位。红色或橙色事件的机队改正/改进措施工作计划需符合风险评估计算出的最大符合性时间。根据项目任务及工作计划,各相关部门按照公司程序完成机队改正/改进措施的制定、发布和管理。

(5)向局方报告。商飞持续适航委员会办公室接收到设计、制造、客服、试飞等部门提交的事件报告后,应在 24 小时内判定是否为 CCAR21.5 事件,并将事件报告上海审定中心。

若 CCAR21.5 事件被认为是一个紧急的非常严重的危险,则持续适航委员会办公室应立即以电话报告上海审定中心。

若事件被判定为红色或橙色,则持续适航委员会办公室应在 2 个工作日内将事件相关信息报告上海审定中心;若事件被判定为绿色,则应在 3 个月内将事件相关信息报告上海审定中心。

(6)持续适航审查会。局方通过定期或临时召开"持续适航审查会"对公司持续适航体系工作进行审查。通过持续适航审查会议,局方审查公司各类事件的调查和分析结果,并就事件的安全风险水平及缓解措施达成一致;同时确定可能存在的不安全状态及相应的强制性改正/改进措施(适航指令)。

持续适航审查会议为月度例会,每月召开一次,如有紧急或重大事件需要审查,则临时增开会议。会议的主要内容如下:

① 审议上一月度持续适航体系工作情况;

② 审查事件收集、事件判定、事件调查、改正/改进措施制定工作;

③ 审查并确定不安全状态事件,确定适用的强制性改正/改进措施(适航指令);

④ 审查改正/改进措施的执行情况。

3. CAAC 的持续适航管理

确保民用航空器的持续适航是适航管理当局、型号合格证持有人、航空运营人、维修单位等各方的共同职责。《国际民航公约》附件八的第四章"持续适航对设计国的持续适航责任"有明确的要求;而型号合格证持有人的持续适航体系建设是整个持续适航体系建设中的关键环节,完善的持续适航体系在避免事故的发生、提高航空器安全性和可靠性、改进航空器的设计、提升航空器的市场竞争力等诸多方面都发挥了不可替代的作用,我国民机制造业蓄势发展的形势对型号合格证持有人的持续适航体系建设提出了必然的要求。

在这样的形势下,上海审定中心吸取国外工业实践和局方管理的经验,并结合我国适航管理的现状和工业发展方向,起草了用以指导型号合格证持有人建立持续适航体系的咨询通告,得到适航司认可并颁发,为持续适航工作打下了基础。中国商飞依据此咨询通告于 2014 年建立了关于 ARJ21 - 700 飞机的持续适航体系。随后,适航司授权上海审定中心开展 ARJ21 - 700 飞机持续适航体系评审、监督和管理工作;此外,随着第一架 ARJ21 飞机交付,授权上海审定中心编发 ARJ21 - 700 型飞机的适航指令。因此,上海审定中心按照授权要求建立工作程序,以持续适航体系为基础,与中国商飞相对独立地开展 ARJ21 - 700 飞机的事件收集、初步风险评估、详细风险评估、根原因分析以及纠正措施确定等技术评估工作,识别出机队在运营过程中存在的不安全状态,确保飞机始终处于安全运行状态。2018 年 8 月,CAAC 正式颁发了第一份 ARJ21 - 700 飞机的适航指令,标志着中国局方探索出了一条基于体系化的、以技术评估和体系监管为主线、以数据支持为驱动的国产民机持续适航管理的实践道路。

(1) 持续适航体系的评审、监督和管理

2014 年 11 月,适航司通过民航适函[2014]127 号文,授权上海审定中心开展 ARJ21 - 700 飞机持续适航体系的评审、监督和管理工作。上海审定中心按照授权要求,确定了体系评审的工作内容、工作方式和流程,建立了体系评审和监管的工作程序。持续适航体系评审、监督和管理的工作内容主要划分为七个步骤,分别为:接受申请、成立评审组、制定评审计划、体系文件评审、现场情况评审、评审结论、持续监管,如图 5.11 所示。

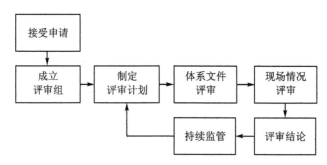

图 5.11　持续适航体系评审和监管的工作流程

(1) 接受申请。2014 年 12 月,中国商飞向上海审定中心发函,正式申请对 ARJ21 - 700 飞机持续适航体系进行评审,同时提交了持续适航体系评审申请书、ARJ21 - 700 飞机持续适航体系符合性声明以及中国商飞持续适航体系管理手册。

上海审定中心收到商飞提交的持续适航体系评审的申请函件和相关材料后,组织人员对申请书和相关材料进行预评估,主要评估申请人的持续适航体系组织机构建设情况、申请人持续适航体系支持程序、标准和方法的完成情况和申请人提交的评审计划信息是否足够及申请进度计划的可行性。经评估,决定接受商飞提出的申请。

(2) 成立评审组。上海审定中心根据商飞持续适航体系的规模、体系内程序、方法、标准和信息系统的评审任务量确定评审组的组成和规模,组织、协调成立了持续适航体系评审组。

评审组主要负责评审 ARJ21 - 700 飞机的持续适航体系符合性计划,并根据人力资源、人员的责任和进度,制定评审组的评审计划;对申请人的《持续适航体系管理手册》及引用的程序、标准、方法和信息系统进行评审,确认审查资料与规章要求相符合;对申请人及其合作伙伴或供应商进行现场评审,确认审查资料与现场情况相符合;完成体系评审报告。

(3) 制定评审计划。收到商飞持续适航体系评审的符合性计划后,评审组组织召开内部会议和持续适航审查会,对符合性计划进行评审和认可。结合申请人的符合性计划,根据评审组的人力资源、人员责任和进度,评审组制定了 ARJ21 - 700 飞机持续适航体系的评审计划。

(4) 体系文件评审。评审组按照制定好的项目评审计划组织召开持续适航审查会,对商飞的《持续适航体系管理手册》及引用的组织机构、职责、程序、标准、方法和信息系统按咨询通告 AC - 21 - AA - 2013 - 19 的要求进行评审,并给出评审结果。

(5) 现场情况评审。根据文件评审的结果和申请人整改措施的情况,评审组召开评审组内部会议,确定是否可以进入现场评审的阶段,并按需重新审视评审计划,确定现场评审的内容和重点。

在现场评审中,评审组主要检验持续适航体系是否文实相符,审查实际情况是否能够按照确定的持续适航体系文件的要求进行有效操作,查看参与持续适航运行的人员能力是否具备。

(6) 评审结论。2015 年 11 月,召开持续适航体系评审总结会,经评审组确认,中国商飞持续适航体系通过评审,《持续适航体系管理手册》获得批准。

(7) 持续监管。ARJ21 - 700 飞机持续适航体系通过评审后,由上海审定中心按授权负责对其进行持续监管。持续监管主要分两部分,一部分是日常监管,另一部分是定期检查。

上海审定中心通过联系、协调开展以下工作对商飞的持续适航体系的管理要素进行日常监管:

① 参加商飞日常召开的工程技术会议;

② 查看商飞的信息收集、风险评估、工程调查、措施制定等工作记录;

③ 参加商飞组织的工程调查工作。

(2) 持续适航技术评估

2015 年 12 月,随着第一架飞机交付成都航空,适航司通过明传电报《关于授权管理局颁发适航指令的通知》（[2015]3322），授权上海审定中心编发中国商飞公司生产的 ARJ21-700 型飞机及其所装发动机的适航指令。上海审定中心在开展评审、监管 ARJ21-700 飞机持续适航体系工作的基础上，又承担了对 ARJ21-700 飞机持续适航技术评估及适航指令的编发工作。因此，上海审定中心按照授权规定，依据 ICAO 附件八、CCAR-21 和 CCAR-39 及相关规范性文件中的要求，为及时发现和解决 ARJ21-700 飞机投入运行后相关型号设计、制造的安全问题，提出了管理目标和要求，梳理了相关职责，明确了授权型号产品的安全管理流程和技术工作，并制定了持续适航技术评估手册，用以规范开展持续适航技术评估工作。

1）持续适航技术评估组织及职责

上海审定中心按照适航司的授权和规章要求，负责开展以下工作：

① 收集影响飞机持续运行安全的信息；

② 开展对信息的分析和评估，识别飞机的安全问题；

③ 开展飞机产品安全问题的调查工作；

③ 提出飞机产品安全问题的解决方案建议；

⑤ 编制飞机适航指令；

⑥ 提出持续适航相关规章和规范性文件编制和修订的建议。

上海审定中心设置信息主管、风险主管、工程调查主管以及事件主管岗位，共同完成对飞机的技术评估工作。具体各技术岗位主管的责任如下：

① 信息主管主要负责接收并管理持续适航信息、协调召开持续适航内部评估会、协调召开持续适航审查会，并对重点关注的问题提出 CAI 单（持续适航项目单）候选项的建议。

② 风险主管主要负责提供持续适航管理中风险评估流程、标准和方法方面的指导，并对 CAI 单中的风险评估工作进行审核。

③ 工程调查主管负责提供持续适航管理中根原因分析和纠正措施确定方面的指导，对 CAI 单中的根原因分析和纠正措施确定工作进行审核；批准普通类服务通告，并对服务通告进行管理。

④ 事件主管按专业指定，主要开展对指定持续适航事件的风险评估、根原因分析、纠正措施确定等工作，并填写相应的 CAI 单；完成指定事件相关适航指令的编制工作。

2）工作概述

根据飞机产品安全管理的特点和一般工作内容，上海审定中心建立了相应的技术评估流程（见图 5.12），涉及事件管理和安全问题识别、安全问题分析和安全问题解决几个方面的工作，用以开展 ARJ21-700 飞机事件的技术评估工作。

3）信息管理

信息主管接收到中国商飞提交的关于 ARJ21-700 在运行过程中发生事件的报告后，对接收到的事件按筛选准则进行筛选，确定需要在持续适航审查会上审查的议题以及可能启动 CAI 单对重点关注的事件开展风险评估和工程调查评估工作,并对 CAI 单进行跟踪管理。

信息主管负责协调召开月度内部评估会议,主要内容为按照事件筛选准则对收到的事件信息进行筛选。筛选准则是上海审定中心制定的影响或可能影响飞机持续适航的通用事件标准或潜在不安全状态的案例,主要覆盖一般通用、飞行操纵、结构、机械系统、电气系统、动力装置、人员安全等方面的状态判定准则。通过内部评估会议确定持续适航审查会的事件议题和技术关注点。

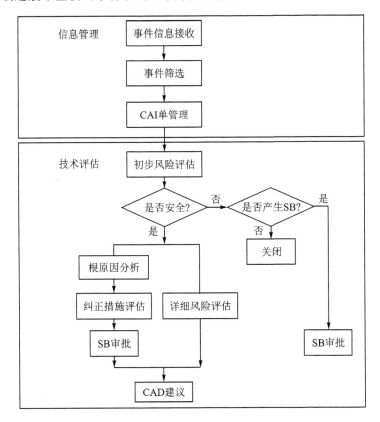

图 5.12　上海审定中心的技术评估流程

4) CAI 单技术评估项

上海审定中心对飞机事件的技术评估与中国商飞通过持续适航体系进行的事件技术评估相对独立,CAI 单中的技术评估项是局方对 ARJ21 - 700 飞机事件技术评估的线索,持续适航审查会是局方与持证人技术评估的界面,局方事件主管主要通过完成 CAI 单的技术评估项来开展对事件的技术评估工作,并提出产品安全决策建议。

5) 技术评估流程

① 初步风险评估。事件主管主要通过工程经验定性地、快速地对潜在安全问题

进行评估,并为判定不安全状态及其紧急程度提供基于定性工程评估的决策支持。

② 详细风险评估。详细风险评估是事件主管对初步风险评估结论为不可接受的潜在不安全状态进行定量分析,计算飞机和机队的实际安全风险及允许存在的时间期限,为判定产品的不安全状态和时间期限提供基于数据的决策支持。

③ 根原因分析。根原因分析主要是为了确定产生飞机不安全事件的根原因及影响因素,并为确定不安全状态提供决策支持。

事件主管依据持续适航审查意见、技术评估请求单回复意见、技术关注单回复意见,结合中国商飞初步分析报告、初步风险评估报告、工程调查报告,对不安全状态的根原因及影响因素进行工程评估,在 CAI 单规定处记录评估过程、意见建议、评估结果及相关材料。

事件主管根据商飞提交的工程调查工作计划,提出根原因分析现场调查的需求,参加现场调查活动。

④ 纠正措施评估和确定。事件主管评估缓解机队风险纠正措施的正确性、完整性、有效性。这些措施包括检查、零部件更换和维修、改装、限制、程序/流程变更等。当纠正措施已得到评估和确定后,相关措施的服务文件经局方审批后由中国商飞客服中心发布给用户。

⑤ 服务通告的审批。为确保 ARJ21 - 700 飞机的持续运行安全和促进飞机产品的设计改进,上海审定中心根据服务通告的工作内容和特点,制定了相应的审批流程,涉及服务通告分类的评审、普通类服务通告的批准、紧急类和重要类服务通告的批准。

对普通类服务通告,工程调查主管必须进行审查,并向持证人反馈审查意见或批准服务通告。对于紧急类和重要类服务通告,事件主管必须进行审查,并向持证人反馈审查意见或批准服务通告。若在审批中发现问题或存在疑问,则必须协调相关技术人员、持证人相关人员召开持续适航专题审查会,依据评审会意见,通过《持续适航审查信函》反馈评审意见或批准服务通告。

随着客服中心服务通告编制能力的增强以及与局方信任关系的建立,上海审定中心创新管理方式,利用基于风险管理的理念,将审查资源放在对安全贡献率更高的领域,利用体系监管对普通类服务通告的审批进行管理。目前,服务通告分类建议表、普通类服务通告都由商飞客服中心审批并报上海审定中心备案,重要类和紧急类服务通告分别由上海审定中心的工程调查主管和事件主管审批。

(3) 适航指令的颁发管理

中国民航局 CCAR - 39 部《民用航空器适航指令规定》于 1990 年 6 月 13 日颁发,其适用范围如下:

当民用航空产品处于下述情况之一时,颁发适航指令:

① 某一民用航空产品存在不安全的状态,并且这种状态很可能存在于或发生于同型号设计的其他民用航空产品之中;

② 当发现民用航空产品没有按照该产品型号合格证批准的设计标准生产时;

③ 外国适航当局颁发的适航指令涉及在中国登记注册的民用航空产品。

前两条适用于国产飞机的设计存在缺陷或制造偏离设计时产生的不安全状态。

为规范授权适航指令的颁发,中国民用航空适航审定中心制定了《适航指令管理手册》,规定了适航指令启动、编制、发布和管理的全过程期间适航指令相关的工作流程、注意事项及常用表单等要求,用以指导审定中心开展适航指令颁发和管理活动。

当完成 ARJ21 - 700 飞机的事件技术评估,其安全决策为产品存在不安全状态,且此不安全状态很可能存在于或发生于同型号设计的其他产品之中时,事件主管依据适航指令管理手册,启动国产适航指令的编制流程,通过启动适航指令编制、编制适航指令征求意见通知、编制适航指令、审核适航指令、会签适航指令,最终得到批准的适航指令。

(4) 引气过滤器本体焊接脱开问题案例

2017 年 10 月 24 日,B - 3321 飞机左侧 APU 引气过滤器本体上焊接处脱开,导致引气失效以及 APU 灭火瓶释放。

① 信息管理。商飞客服快响和适航部按照持续适航体系规定的报告标准和报告流程,于 25 日将《事件报告单》报告上海审定中心,包括事件飞机的信息、事件的详细描述、事件判定的依据以及排故过程和采取的措施等信息。ARJ21 - 700 飞机持续适航体系在事件信息获取的及时性、准确性和完整性方面发挥了作用。

随后信息主管协调召开月度内部评估会议,确定此事件为技术关注点,当时大家认为可能存在双发引气失效,影响机组操作,或引气失效产生高温,导致发动机/APU 灭火瓶释放,丧失灭火功能,当飞机出现火情时,会造成火情蔓延而不可控,是一个潜在的安全问题,因此启动此 CAI 单。

② 事件的风险评估。事件主管通过持续适航审查会对商飞提交的风险评估报告进行审查,且参考了国外某些机型引气失效引发的不安全状态案例,除提出考虑双发引气失效的风险外,还提出对 APU 灭火瓶释放的风险和泄漏引气对周围结构影响的风险进行评估的建议。审查会后,商飞召开持续适航技术委员会进行了技术讨论,并下发行动项目,由相关专业部门对 APU 灭火瓶失效风险和结构完整性风险进行分析。最终评估结果认为,过滤器本体焊接脱开或开裂可能导致飞机两侧引气失效,在特定的情况下,增加周围结构件的热载荷可能降低飞机的结构完整性,严重程度为灾难性的。根据工程经验判断,这种灾难性影响发生的概率在"极微小"的水平。事件非紧急,保守定性评估符合性事件期限为 1 500 飞行小时/6 个月。

通过持续适航审查会、商飞技术委员会以及各专业部门的通力协作,将此事件可能造成的安全风险及符合性时间期限准确识别出来。

③ 事件的工程调查。由于此过滤器为供应商产品,且发生失效后未经商飞调查,直接运送到供应商处。供应商开始对根原因含糊其辞,直接认定是质量逃逸,且未说明原因。事件主管为推动商飞进行根原因调查,发送了技术关注单,要求应有直

接证据支撑其是质量问题的结论。在局方和商飞的压力下,供应商进行了失效件分析,使用光学显微镜和电子显微镜检查方法对焊缝断面进行检查,还对引气过滤器的静强度和疲劳强度设计结合工况进行了重新分析,最终给出了调查结论,是焊缝质量缺陷,同时设计的疲劳强度和静强度不满足要求。因此,供应商为此问题买单。通过此次事件,同时理顺了持续适航体系工程调查的流程和职责,加强了商飞对供应商的管理能力并积累了经验。

④ 改正措施的制定。在最初认为根原因是质量问题时,商飞给出了两项改正措施,一是对在役机队进行气源系统气密试验,检查间隔为 30 日历日或 150 飞行小时;二是定期更换引气过滤器,期限为 450 飞行小时。局方提出一是气密试验操作性太差,二是在确定根原因前,上述两种措施不能作为缓解该安全风险的有效措施。在确定了引气过滤器焊缝质量和设计都存在问题后,同意商飞用引气导管代替过滤器,消除不安全状态,并批准了相关的 SB。

通过风险的确定、根原因的探明,促使制造商制定准确的改正措施消除风险,而措施载体 SB 的批准成为最后的关口,事件主管既负责事件的技术评估又负责审批 SB,共同形成一个闭环体系,确保飞机产品的安全。

⑤ 安全决策和 AD 的编发。根据与商飞在持续适航审查会上的审查情况,并结合独立的技术评估,事件主管认为此引气过滤焊接处脱开或开裂会导致飞机两侧引气失效,在特定的情况下,增加周围结构部件的热载荷,可能降低飞机的结构完整性,故确定为不安全状态。

决策此安全问题之后,事件主管根据技术评估的内容和结论,编制了 ARJ21 - 700 飞机的第一份 AD,同时按照《持续适航指令管理手册》启动国产适航指令的编制和审批流程,确保了 ARJ21 - 700 飞机的持续运行安全。

5.5　小　结

通过对美国、欧洲和中国持续适航管理的立法和实践可以看出,在立法方面,三者都对设计批准持有人的报告责任进行了要求,其中美国仅要求设计批准持有人对航空产品出现的故障、缺陷和失效进行报告,而欧洲和我国则对设计批准持有人建立体系有要求,应系统、全面地履行其收集、调查、分析和报告其设计的航空产品或者零部件出现的故障、失效和缺陷的责任。

在实践方面,FAA 虽然没有在体系上要求波音公司建立持续适航体系,但波音公司是老牌民机制造商,自己已经建立了比较完整的持续适航体系,并通过与 FAA 签订持续运行安全合作计划履行规章以外的很多责任,如报告范围扩大、要求波音公司参加 FAA COS 会议等,FAA 也在事件的技术评估方面保持相对的独立性,共同确保产品的安全;但缺点是 FAA 对波音公司的持续适航体系没有监管责任,波音公司靠自身保持体系的有效性,在经济或资源成本压力大的情况下,体系的有效性往往得不到保证,波音公司近年来频频出问题与之不能说没有关系。

　　EASA 着重在体系上对设计批准持有人进行了要求,但在评审、监督和管理方面把持续适航体系纳入了 DOA 的范畴,EASA 的体系监管由设计组织经理负责,而产品的安全评估是由项目审定经理负责,两者分开,对体系的有效性监督会大打折扣;此外,项目审定经理在对事件进行分析、确定产品不安全状态等技术工作方面,主要通过适航审查会,依靠空客的安全风险评估,甚至连安全事件的分析表单也由空客起草,项目审定经理填入 EASA 的立场,编发 AD 由外包公司代理,具有“贴皮”式的管理模式的特征。

　　我国则总结了美国和欧洲模式的优缺点,采用“两条腿”走路的方式,一方面开展持续适航体系的评审、监督和管理,是中国在运输类飞机持续适航管理方面的首次探索,也是在推动中国商飞落实其安全主体责任,加强持续适航体系的建设、运行和持续改进,促进飞机产品安全改进方面具有中国特色的一个创新,从体系方面保证了产品安全工作的顺利开展;另一方面,ARJ21 - 700 飞机持续适航技术评估工作的顺利开展和适航指令的颁发,标志着我国局方探索出了一条国产民机持续适航管理的实践道路,并建立了自己相对独立的技术评估和安全决策的工作流程和人员队伍,通过技术评审,时刻清楚飞机和机队的安全状态。这既不同于美国 FAA 完全独立自主开展技术评估并颁发适航指令,对持证人体系不做监管;也不同于 EASA 体系监管和技术评估分离,通过 DOA 对体系进行监管,基本依靠制造商的体系进行技术评估,缺少独立自主的评估工作,并由外包公司编写适航指令的模式,这些经验在我国当前的适航监管和工业实践水平下有着积极的意义。

第6章 危险识别

6.1 危险事件来源

AC-21-AA-2013-19《型号合格证持有人持续适航体系的要求》指出,在飞机设计阶段,航空器制造厂家就已经建立了专家队伍来评估航空器运行过程中可能出现的故障、失效和缺陷,以及这些故障、失效和缺陷对飞行安全的影响,并根据评估结果制定相应的改正/改进措施,不断提高飞机的安全性和可靠性。但在实际运营过程中,可能存在一些未知风险、不可预见的综合风险以及未考虑到的使用环境风险等,实际的适航风险水平可能会高于设定的标准,会对飞机安全性能等造成影响,甚至造成一些严重的后果。

6.1.1 未知风险

未知风险主要是指在标准制定或标准符合方面可能存在未探明的变化,是指在制定相应规章标准时,没有考虑到技术发展、机型变化等因素,使得实际运营时出现未预计危险。在发生这类危险后,需对相应的标准及合格审定文件进行修订。

以高强电磁辐射场(HIRF)事故征候及规章修订为例,FAA认识到必须尽快向公众通告飞机机载电子电气系统易HIRF干扰的特性,并于2006年2月1日颁发了建议的规章制定通告(NPRM/71 FR 5553)。比较典型且非常严重的HIRF事故征候有:

① 1990年4月15日,Airship-600在飞行过程中受到美国之音电台天线的电磁辐射,致使两台发动机失效,在北卡罗来纳州迫降过程中撞地。

② 1999年3月2日,一架R-44直升机在葡萄牙上空1 000 m的空中飞行时受到高能电磁波辐射,致使无线电通信和导航设备失灵,但飞机迫降成功。

为此,对飞机机载电子电气系统高强电磁辐射场(HIRF)保护的规章修订涉及FAR23、25、27和29部等各类飞机。以25部为例,修订后的规章要求申请人在接受飞机适航合格审定时,必须演示证明飞机上任何执行关键功能的、其功能故障将触发或引起阻止飞机继续安全飞行和着陆的电子和电气系统满足相应的设计和安装要求。

6.1.2 综合风险

综合风险主要是指设计缺陷和制造缺陷可能引起的不可预计的综合失效,是指在设计阶段对零件或系统的能力预估错误或设计时未考虑到其他因素综合作用而形成的设计缺陷,以及在制造过程中零部件质量未达标或不能达成设计阶段的设计强度而形成的制造缺陷,对运营过程中飞机造成严重后果的危险。

以洛克希德 188 型系列飞机在 1959 年发生的左翼空中解体事件以及 1960 年发生的右翼空降障碍事件为例。FAA 在 1960 年连续发布了两个适用于洛克希德 188 型系列飞机的紧急 AD,AD 规定洛克希德 188 型系列飞机在运行过程中,正常情况下最大巡航(Vno)速度限制在 225 CAS,并且速度(Vne)绝不超过 245 CAS;此外,如果扭矩计指示器显示为零或满刻度,则需要立即进行螺旋桨顺桨。在设计和安装适当的修改之前,自动驾驶仪停用以及在加油操作中遵守洛克希德规定的程序。

FAA 要求洛克希德公司对 Electra 重新进行评估,评估结果披露了 Electra 飞机设计中的两个差异:一是由机壳变形对机身和外侧机舱之间的机翼中间肋施加的显著负荷未包括在设计载荷中;二是舷外机舱湍流的动态响应与设计假设不同。洛克希德重新设计了发动机支架、发动机舱和整流罩,并改进了机翼以提高强度能力。自那以后,旋转模式颤动没有导致 Electra 事故。

6.1.3 使用环境风险

使用环境风险主要是指意料之外的操作条件或者环境条件等因素,是指在设计制造阶段或标准制定阶段已考虑到,但随着环境、经济等发展,出现异常情况及意料之外的状况所造成的危险。

以尾翼鸟撞案例及规章修订为例,1962 年美国一架"子爵号"螺旋桨飞机大概在6 000 ft(约 1 829 m)的高度巡航飞行时,与一只天鹅(估计 12~17 lb(1 lb=0.454 kg))相撞,撞击造成了飞机左侧水平尾翼和升降舵的损伤,飞机随后失去控制而坠毁,机组和乘客全部遇难。FAA 在 1970 年对 25 部进行了修订(Amendment 25 - 23;35 FR 5665, April 8,1970),增加了 25.631 要求尾翼结构在设计时需要能够保证在飞行速度达到海平面巡航速度时,承受 8 磅鸟的撞击后,能够安全地完成剩余航行并安全降落。在 25.631 被采纳后,其他有关鸟撞的条款也进行了相应调整。

6.2 危险事件标准

6.2.1 事件报告的目的

通过事故调查可以发现大量安全危险,但航空事故是非常罕见的。与事故征候相比,通常对事故都进行较深入的调查,但如果安全举措仅凭事故数据,就会有案例样本不多的局限性,可能得出错误的结论,或者采取不恰当的纠正措施。根据 1:600规则的研究表明,事故征候的数量远远大于同类型的事故的数量。事故征候的起因和致因也可导致事故。通常,只有运气好的时候才可以防止事故征候演变为事故。

不幸的是,这些事故征候并非总被负责降低或排除相关风险的人所知晓,这可能是因为没有报告系统,或人们没有报告事故征候的充分主动性所致。

从事故征候中得到的经验可大大加深对安全危险的了解,所以有关部门建立了若干类型的事故征候报告系统。一些安全数据库中含有大量的详细信息,可将含有从事故和事故征候调查和安全数据库中获得的信息的系统归入"安全数据收集和处理系统"。安全数据收集和处理系统指处理和报告系统、数据库、信息交流系统和记录的信息,包括关于事故和事故征候调查的记录、事故征候强制报告系统、事故征候自愿报告系统和自我披露报告系统(包括自动数据捕获系统和手工数据捕获系统)。尽管对事故征候可能不进行深入调查,但是事故征候提供的鲜为人知的信息可让人们深入了解飞行员、客舱乘务员、航空器维修工程师、空中交通管制员和机场工作人员的看法和反应。

准确及时地报告与危害,事故或事故有关的信息是安全管理的一项基本活动。事件报告系统是整个监控功能的必要部分。操作规程中描述的事件报告、收集、调查和分析系统的目标,以及适航条例的目的就是运用报告的信息提高飞行安全,而不是追究责任、强加罚款或者执行其他强制措施。

事件报告系统的具体目标是能够评估每个事件的安全含义,包括先前类似事件,以便能够采取必要的行动。包括确定发生了什么、为什么发生,以及应该做什么去避免以后类似的事件再发生。保证事件相关知识的传播,以便其他个人或组织能够从中学习。

事件报告系统是正常的日常程序和"控制"系统的补充,而不是作为它们的复制品或替代者。事件报告系统是常规程序失效时的识别工具。当提交报告者判断事件可报告时,事件信息被保留在数据库中,这些报告的重要性可能在运营后期才会变得明显。

6.2.2　事件上报标准

国内外各个组织对事件关注点不同,制定报告标准时的侧重点、分类标准、颗粒度都不同。

(1) EASA AMC20-8。AMC20《关于产品、零部件和设备适航符合性验证的一般可接受方法》文件中AMC20-8是欧洲航空安全局制定的,面向各个相关组织,包括制造商、运营商等发布的,作为指导决策应该将哪些事故报告给适航当局、国家当局和其他机构的说明材料,分别从飞行操作、飞机技术、机务维修、空中与地面服务设施四大方面进行事件报告标准规定,四大方面中还包含众多小类。

(2) AP2018。"Criteria for Reporting In-service Events to Airworthiness Authorities"(AP2018)文件是空客公司支持的在役飞机(即所有飞机一旦交付使用,与空客公司无关)发生适航性事件时所使用的报告文件和程序,以ATA章节作为事件报告标准制定基础,将报告事件分为ATA事件和非ATA事件两大类,同时按照

ATA 章节号将 ATA 事件进行标准制定。

（3）COSP。*Working Agreement on Continued Operational Safety Between the Seattle Aircraft Certification Office and Boeing Commercial Airplanes* 文件是波音公司与 FAA 签署的安全合作计划，其中的附录 I 规定了波音向 FAA 上报事件的标准，主要分为一般事件、操纵性能事件、飞行性能事件、结构事件、乘客安全事件、机械系统事件、电气系统事件、动力系统事件八个类别。

（4）FAR 14-21.3。FAR14 Part 21 "Certification Procedures for Products and Parts"是 FAA 发表的关于产品和零件的适航审定过程。其中 21.3 条中列出以下 13 条型号证书持有人必须向局方报告的失效、故障和缺陷的报告标准：

① 由于航空器系统或者设备的故障、失效或者缺陷而引起着火；

②由于发动机排气系统的故障、失效或者缺陷而使发动机或者相邻的航空器结构、设备或者部件损伤；

③ 驾驶舱或者客舱内出现有毒或者有害气体；

④ 螺旋桨操纵系统出现故障、失效或者缺陷；

⑤ 螺旋桨、旋翼桨毂或者桨叶结构发生损坏；

⑥ 在正常点火源附近有易燃液体渗漏；

⑦ 使用期间由于结构或者材料损坏而引起刹车系统失效；

⑧ 任何自发情况（如疲劳、腐蚀、强度不够等）引起的航空器主要结构的严重缺陷或者损坏；

⑨ 由于结构或者系统的故障、失效或者缺陷而引起的任何异常振动或者抖振；

⑩ 发动机失效；

⑪ 干扰航空器的正常操纵并降低飞行品质的任何结构或者飞行操纵系统的故障、失效或者缺陷；

⑫ 在航空器规定的一次运行期间内，一套或者一套以上的发电系统或者液压系统完全失效；

⑬ 在航空器规定的一次运行期间内，一个以上的空速仪表、姿态仪表或者高度仪表出现故障或者失效。

（5）CCAR121.707-710。CCAR-121-R5《大型飞机公共航空运输承运人运行合格审定规则》文件中第 121.707 条至 710 条，主要是针对合格证持有人对使用困难报告（运行、结构）、机械原因中断使用报告及运行中人为差错的事件进行报告的标准规定。

（6）AC-396-AS-2016-08。AC-396-AS-2016-08《事件样例》是由中国民用航空局航空安全办公室发布的 CCAR-396-R3《民用航空安全信息管理规定》中定义的事件主要样例。该文件中事件样例由紧急事件样例和非紧急事件样例组成。其中非紧急事件又分为航空器运行、航空器维修、地面保障、机场运行和空管保障五类。事件发生后，应先遵照紧急事件标准样例判断，再判断是否属于非紧急事件,这样缩短了判断时间,提高了重大事件控制率。

6.3　危险严重度分类

当事件上报至系统时,必须评估上报事件不利后果的性质,即危险事件的严重度。潜在危险后果的严重度决定事件所需采取安全措施的紧急程度。如果存在灾难性后果的重大危险事件,或者如果存在伤害人员和财产安全,使得环境遭破坏的严重危险事件,应采取紧急措施。表 6.1 为 AC 25.1309 条对危险严重度的分类及各类别的定义。

表 6.1　AC 25.1309 条严重度分类表

严重度等级	定　义
灾难性的	导致大规模死亡,常伴随着飞机的失事
危险的	将减弱飞机或机组对付不利操作条件的能力,以至于产生安全裕度或完成其功能的能力大幅降低,生理压力或过大的工作负荷致使机组不能准确、完整地完成任务
严重的	将减弱飞机或机组对付不利操作条件的能力,以至于产生安全裕度或完成其功能的能力大幅降低,机组工作负荷的大幅增加或某些情况下降低机组工作效率,或给飞行机组带来不适
轻微的	将不会严重降低飞机安全性,需要机组进行一些力所能及的操作
可忽略的	对安全没有产生影响

6.4　危险识别的过程与要求

6.4.1　危险识别的过程

民航不安全事件信息是指在民用航空器运行阶段或者机场活动区内发生航空器损伤、人员伤亡或者其他影响飞行安全的情况。全面、准确和及时地收集影响或者可能影响航空器持续适航的故障、失效、缺陷及其他不安全事件的信息是持续适航体系正常运行的基本保证。型号合格证持有人和航空器运营人按照局方的要求收集并上报在设计、制造、运营过程中的不安全事件信息。与此同时,各国的适航当局和行业协会也会不断地收集与航空器相关的各种不安全信息。不安全信息的形式多样,包含事故和事故征候等官方数据、不安全事件的自愿报告以及每天的运行简报和可靠性报告等。

以上各个来源的不安全信息一起形成了一个不安全信息池,其中蕴含着影响航空器安全的各种风险因素,如图 6.1 所示。危险识别,有些文件中也称之为初步风险评估,是基于已掌握的信息,从庞大复杂的不安全事件信息池中快速准确地识别出潜在风险,有效地筛选出事故征兆,并将其输入到风险评估流程中做进一步分析的过程。危险识别是持续适航风险管理的重要环节。

图 6.1　不安全信息池

通过对这些不安全事件进行危险识别与分析评估,并使用合理的风险控制手段把风险控制在可接受范围内,可以将严重的事故和事故征候遏制在萌芽阶段。除此之外,危险识别提高了风险评估的效率,剔除了不存在安全影响或不在考虑范围内的不安全事件,极大地减少了风险评估的工作量,同时筛选出不安全且紧急的情况,让风险评估工作的重点明确。

AC-21-AA-2013-19 和美国的 MSAD 都将危险识别的结果分为以下三类:

① 该事件不安全且紧急;

② 该事件是潜在的不安全事件,需要进行进一步分析;

③ 该事件不存在安全影响或不在考虑范围内。

图 6.2 显示了危险识别过程。对于不安全且紧急的事件,局方、制造商和运营人

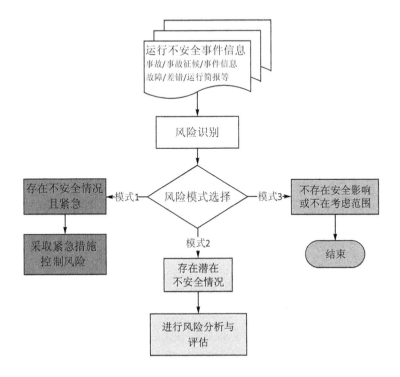

图 6.2　危险识别过程

必须立即采取紧急措施,如停飞、强制更换、检查等。对于潜在的不安全情况,应该进行进一步的风险评估以确定是否需要采取纠正措施以及纠正措施实施的优先级。

6.4.2　危险识别的要求

危险识别的主体是机队全部航空器全寿命周期中的所有不安全事件信息。不安全事件信息具有以下几个特点:

① 事件信息不全面,且大多以事件现象的形式呈现。危险识别工作往往在工程调查之前进行,因此事件信息并不全面,如事件的根本原因和事件可能造成的危险后果等尚不明确,给精确的危险识别带来困难。因而危险识别只能对风险水平进行大致定位,无法精确分析。

② 不安全信息来源多,颗粒度不统一。事件信息来源于设计、制造、运行和维护中的各个环节,形式包含不安全事件报告、使用困难报告、维修记录、可靠性报告等。这些信息收集的目的并不仅用于持续适航安全管理,还可能用于航空安全统计、反馈设计更改、航空器运行品质提升等方面,所以信息格式不统一,颗粒度有大有小,给危险识别工作增加难度。

③ 信息量大。一方面,信息池中会有不同来源的各种事件信息,信息总量巨大。另一方面,每条事件信息包含事件描述、问题部件、飞行阶段、机队规模等要素,蕴含深入挖掘的价值。

结合事件信息的特点和危险识别的目的,对不安全事件危险识别工作提出以下几点目标:

① 准确性。准确性要求危险识别过程能够准确地识别事件信息中的潜在不安全因素,进而通过风险评估和控制达到提高航空产品全寿命安全性的目标。

② 全面性。综合考虑事件信息中尽可能多的因素,挖掘事件信息的价值,避免在识别过程中出现片面考虑的情况。

③ 统一性。统一性要求危险识别过程的标准具有一致性,尽可能地减少因人为经验的局限性给危险识别的结果带来的负面影响。

④ 时效性。时效性要求危险识别过程能够快速而高效地识别潜在风险,同时有重点地优先识别不安全且紧急的情况,以便尽快发现并采取紧急措施,减少风险的暴露时间。

6.5　危险识别方法

危险识别的目的是将按照危险事件标准收集或上报的事件进行严重度分类。严重度的分类结果作为后续的风险评估的基础,输入初步风险评估过程。现阶段的危险识别方法主要分为三种类型:经验法、计算机辅助、数据挖掘。

6.5.1　经验法

经验法,即人工分析法,指的是将相关标准和专家经验相结合,通过标准和积累的经验对危险源进行识别和分析,是危险识别初期运用较多的方法。经验法需要消耗大量的人力、物力资源,识别过程受限于专家个人的知识、能力与经验情况,同时识别结果受到专家个人主观因素影响,具有片面性。

相关方法有:问卷调查、专家个人判断法、德尔菲法、头脑风暴、故障树分析法、危险识别检查单法、FHA、FMEA、作业流程图法、初步危险分析法、假设状况法、情景过程法、逻辑图法、"改变"分析法、因果图法、绘图法、界面分析法、事故和征候分析法、安全检查法、时间序列事件图法等。

6.5.2　计算机辅助

计算机辅助是指通过计算机建立系统相关模型或建立算法模型完成人的分析过程。利用软件平台和编程语言对上述某些经验法进行计算机实现,代替人工完成危险源识别。

例如,Katrina Groth 等人提出了一个集成的架构和软件平台,该平台通过三层混合模型,即事件树、故障树和事件序列图模型,结合建模的方法和算法实现了对危险源的识别与分析。

再如,Cui 等人结合 HAZOP(危险与可操作性)分析法、保护层分析法和安全完整性水平的验证等方法的平台,利用编程语言实现了以上方法并使不同方法间的数据实现共享。

计算机辅助虽然解放了人力,但其分析规则仍由人设定,对已有的经验数据没有充分地进行挖掘利用,不能主动发现已有经验中人工没有发现的数据间的联系。

6.5.3　数据挖掘

数据挖掘技术可以帮助人们从数据库等相关数据集中提取出感兴趣的、确实有用的知识和规律,并可以帮助人们从不同程度去分析它们、理解它们,从而更有效地利用这些数据。数据挖掘技术不仅可以用于描述数据过去的发展过程,执行描述任务,还能进一步预测数据的未来趋势。

数据挖掘在危险识别中的应用,首先对历史数据进行归纳学习,找出各类特征属性,生成隐含内部结构模型。该模型在识别过程中主要将需识别的数据作为输入量,对其进行判断分类,判断其是否符合危险标准,或是否有将会符合危险标准的趋势。

主要涉及的方法有模糊理论、神经网络、遗传算法、极限学习机、支持向量机、回归法、时间序列分析法、灰色模型等。

6.6　基于前兆的危险识别

6.6.1　前兆的来源

前兆信息的来源主要有事件报告系统和飞行数据监控（FDM）程序。大多数确定的或正在分析的前兆信息来自于强制事件报告系统。事件报告系统与 FDM 系统的信息相互共享，能更好地进行前兆信息的识别。FDM 提供的信息可以补充事件报告信息，同时 FDM 系统能够对机组人员没有进行报告的事件进行预警。事件报告可以从人的角度将 FDM 事件融入具体环境中，使得对飞机参数选取以及相关测量要求的分析和评估的调整变得简单明了。

对事件报告和 FDM 数据之间的统计关联性的研究有助于研究可能的因果关系（预测）模型以及 FDM 超阈值事件和事件报告的前后关系。

现有的事件报告系统/数据库主要包括：

1. 国际民航组织事故/事故征候数据报告（ADREP）系统

按照附件十三《航空器事故和事故征候调查》的规定，各国向 ICAO 报告所有最大审定起飞质量在 2 250 kg 以上的航空器的事故。ICAO 还收集有关涉及 5 700 kg以上航空器的航空器事故征候信息。收集航空器事故或事故征候信息的报告系统被称为事故/事故征候报告系统（ADREP）。各国以预先确定的（和编码的）格式向ICAO 报告数据。收到各国的事故/事故征候报告后，要对报告的信息进行检查，并以电子形式存储，构成一个容纳全世界范围内所发生事件的数据库。

ICAO 不要求各国对事故征候进行调查。然而，如果某个国家对一起严重的事故征候进行了调查，则要求该国向 ICAO 提交规定格式的数据。ICAO 所关注的严重事故征候类型包括：

① 多重系统失效；

② 航空器内起火或冒烟；

③ 超越地形和超越障碍物余度事故征候；

④ 飞行控制和稳定性问题；

⑤ 起飞和降落中发生的事故征候；

⑥ 飞行机组人员丧失能力；

⑦ 失压；

⑧ 危险接近和其他严重的空中交通事故征候。

2. 欧洲航空事故征候报告系统协调中心（ECCAIRS）

欧洲的许多航空管理局已经收集了航空事故和事故征候方面的信息。然而，单个国家的重大事件数量通常不足以预示潜在的严重危险或识别出有意义的趋势。因为许多国家数据存储的格式不一致，所以共享安全信息几乎是不可能的。为了改善这种情况,欧盟(EU)提出了事件报告要求,并建立了 ECCAIRS 安全数据库。采取这些措施的目标是通过早期发现潜在危险状况来改善欧洲的航空安全。ECCAIRS 包括分析和以多种格式表示信息的能力。该 ECCAIRS 数据库与 ADREP 等其他一些事故征候报告系统是兼容的。一些非欧洲国家也选择采用了 ECCAIRS,以利用其分类方法的优点。

3. 英国航空安全信息系统(BASIS)

最广为人知的由航空公司管理的报告系统是英国航空安全信息系统(BASIS),这是由英国航空公司开发和管理的。BASIS 始于 1990 年 8 月。目前由一个集成的七个模块组成,这七个模块通过飞行数据记录器和航空安全报告的品质差异,覆盖人身伤害的安全信息。在 1992 年开始实施的人为因素模块包含飞行机组人员报告。BASIS 利用飞行机组人员和维修工程师的报告以及飞行数据记录器监控程序中的超过阈值数据作为信息来源。

风险评估是一个 BASIS 的关键组件之一。通过一个简单的矩阵的方法,BASIS 帮助用户评估与事件相关联的风险。评估所使用的标注是以下两个方面。

① 严重程度:对于公司来说,这是风险的严重性;

② 再发生的可能性:这是特定类型的事件实际再发生率(由 BASIS 提供),是根据特定事件对之前实际再发生率的影响而修订的,并且根据已知的、可能在将来影响实际再发生率的因素进行进一步修订。

英国航空公司在 1991 年底给其他方提供 BASIS,第一个使用 BASIS 的客户航空公司始于 1992 年。今天,超过 100 家世界的航空公司在使用 BASIS,他们要么是独立运营的,要么是通过一个组织运营,如欧洲地区航空协会(ERA),且用户的数量仍在增长。英国航空公司从用户那里收集不包含识别信息的数据,创建一个"全球性的"系统。BASIS 用户每年在一个年度 BASIS 安全会议上讨论发展和分享经验。

4. 航空安全报告系统(ASRS)

航空安全报告系统(ASRS)始于 1976 年,ASRS 的运行独立于 FAA,由家航空航天局(NASA)管理。当认为航空安全受到威胁的时候,飞行员、空中交通管制员、客舱乘务组、航空器维修工程师、地面工作人员和其他航空运行相关人员都可提交报告。报告表格的样本可以在航空安全报告系统网站上找到。提交到 ASRS 的报告会被严格保密。所有报告在输入数据库前均隐去了识别标记,所有员工和组织的名字都被删除,任何可能透露身份的日期、时间和其他相关的信息不是被概括化就是被删除。ASRS 的数据用于:

① 识别国家航空系统中的系统危险,供有关部门采取纠正措施;

② 支持国家航空系统的政策制定和规划;

③ 支持航空调查研究,包括人的因素安全研究;

④ 提供信息促进事故预防。

FAA 认识到事故征候自愿报告对于航空安全的重要性,因此对 ASRS 报告者免于一些强制行动,对非故意违章行为免于惩罚。现在,存档报告的数量已经超过了30万份,该数据库支持航空安全的研究,特别是关于人的因素方面的研究。

5. 服务困难报告系统(SDRS)

服务困难报告(SDRS)是来自航空产业(航空公司、出租飞机运营商、维修站、力学和检查员)和通用航空领域(飞行员、飞机所有者,等等)的报告。这些报告有多种名称:服务困难报告、故障和缺陷报告以及维修困难报告。每当一个系统、组件,或飞机的零件、发动机、螺旋桨,或设备功能严重失效或无法用正常或常用方式操作,则归档成一份报告。此外,如果一个系统、组件或零件有瑕疵或缺陷,这会损害或可能损害其未来的功能,则认为它是有缺陷的,应当在系统中报告。

所有的SDR最终并入FAA服务困难数据库。出于各种各样的目的,FAA内许多不同的项目办公室都安装了SDR。它的主要用途包括跟踪服务历史和已经认证的产品可靠性。FAA使用该服务困难报告来开发对于航空领域针对产品可能存在的安全问题的警告。这些措施的范围可以从在咨询通告43-16发布一个警告项目、发布通用航空适航警告,到向每个注册的产品所有者直接通知问题。FAA检查员也利用SDR趋势来评估和帮助开发商业运营商的维修项目。

中国民用航空局飞行标准司以中国民用航空规章CCAR 121和CCAR 135的相关条款为依据建立了使用困难报告系统即民航飞行标准监督管理系统。该系统对航空器在使用过程中发生或发现的符合规章要求的航空器使用困难报告和航空器、发动机的运营数据进行收集、评估和调查,在此基础上进行航空器故障趋势分析和研究。

6. 国家航空安全数据分析中心(NASDAC)

FAA国家航空安全数据分析中心(NASDAC)收集的信息从商业供应商、政府报告、各种研究、美国和国际航空机构的资料库而来。另外,NASDAC提供事故数据、事件数据、飞机具体信息、国际安全建议、安全趋势分析以及航空报告和助航设备上的信息。一套先进的研究工具使分析师可以集成查询多个数据库、搜索仓库数据,并且在大量的有用格式中显示相关的元素。此外,NASDAC提供在线分析工具,包括数据可视化和模式识别技术。这些可帮助航空分析师访问复杂的关系和确定不是那么显而易见的趋势。

7. 事故和事件数据系统(AIDS)

FAA事故和事件数据系统(AIDS)数据库包含通用航空事件和航空运输事件的数据记录。AIDS信息出自多方来源,包括FAA表格8020-5中的事件报告和电传打字机初始数据。在航空安全分析方面,该数据库包含191个元素,可以用来分析事件。

FAA AIDS数据库目前保存了可追溯至1986年的事故和事件信息的完整记录,尽管有一些信息是前几年的,但对于事件分析来说,AIDS是最有用处的,因为NTSB是事故信息的官方来源。

8. 机密航空事故报告(CAIR)程序

澳大利亚运输安全局(ATSB)运营一个机密航空事故报告(CAIR)程序。它提供了一种报告事件和安全缺陷的方法,同时保留了报告者的机密性。CAIR 程序为任何希望机密地提交一个事件报告或安全缺陷的人开放。它不会取代强制性飞机事故和事件报告系统。它强调的是系统、程序和设备,而不是个人。ATSB 的网页页面上包含一个飞机事故和严重事件报告的索引。该局还调查了其他事故、事件和航空安全问题。可利用的信息包括:

① 最终事件报告;

② 初步事件报告;

③ 临时事实报告;

④ 安全缺陷和临时建议;

⑤ 安全程序。

9. 中国民用航空安全自愿报告系统(SCASS)

中国民用航空安全自愿报告系统(SCASS)收集来自民航从业人员包括飞行员、管制员、乘务员、机务维修人员、保安人员以及其他相关人员,针对涉及航空器运行过程中的不安全事件或者当前航空安全系统中存在的及潜在的矛盾和不足之处自愿提交的不安全事件和安全隐患报告,并对报告信息进行处理与分析,根据隐患的危险程度,发出告警信息,制作安全信息数据库和有关刊物,促进航空安全信息的研究与共享。

SCASS 由民航管理当局授权、自主管理和运行,它是中立于民航管理当局和民用航空企业与从业人员的第三方,不具备执法权和立法权,是民航安全信息收集、管理、分析与发布的机构。

SCASS 运行的基本原则是自愿性、保密性和非处罚性。任何人可以通过信件、传真、电子邮件、网上填报和电话的方式向 SCASS 提交报告。SCASS 收集的报告内容如下:

① 涉及航空器不良的运行环境、设备设施缺陷的报告;

② 涉及到执行标准、飞行程序困难的事件报告;

③ 除事故、事故征候和一般事件以外其他影响航空安全的事件报告。

SCASS 收到的报告,按以下步骤处理:

① 接收到报告后,确定是否符合 SCASS 收集的报告内容,通知报告人受理情况;

② 核查报告内容,视情联系报告人补充信息;

③ 去除报告中涉及的识别信息,编写分析报告,提出安全建议;

④ 视情向相关单位提供信息,发布告警信息、信息简报和信息通告。

6.6.2　前兆信息的结构

对事件报告系统或 FDM 中获取的前兆信息进行分析后,需要将每个前兆进行规范化描述。规范化的前兆描述必须包含以下通用的结构:

① 概要;

② 理论基础;

③ 飞机参数;

④ 测量和事件;

⑤ 未来发展和建议;

⑥ 成熟度等级。

这种描述结构为针对不同情况的事件提出解决方案提供了一定程度的通用性前兆信息,其中一些事件的前兆可能可以使用当前技术来直接解决,而另一些事件的前兆可能需要将飞行数据与其他数据源合并进行分析解决,或者甚至采用新的技术解决。

(1) 概要。"概要"部分用简明扼要的方式对前兆的表现形式、来源等重要信息进行大概描述。

(2) 理论基础。"理论基础"部分将所涉及与前兆相关的理论知识进行罗列和详细讲解。主要解释出现的信息为何能代表某一前兆,出现何种形态的信息变化时,属于前兆信息,以及在何种飞行状态或工况下,前兆发生。为选取飞机参数,进行测量和计算指明方向,为提出解决前兆的建议方案提供理论依据。

(3) 飞机参数。"飞机参数"是指来自飞机传感器和系统提供的记录在飞行数据记录仪上的信息。记录在特定飞机上的参数以及从二进制原始数据转换为工程单位的方式(解码过程)通常在"数据帧布局"文档中进行描述。飞机参数以表的形式出现。表 6.2 为飞机参数的示例。

表 6.2　飞机参数

参　　数	类　　型
高度 STD	线性
发动机推力杆角度(TLA)	线性
发动机 N1	线性
主起落架	离散
前起落架	离散

有两种类型的信号需要考虑。一种是线性信号,指在一定范围和时间内连续变化的参数。这些通常对应于物理量,例如高度、温度或发动机转速。对于数字记录,这些量被传输到一个采样过程,该过程将原始模拟信号转换为连续的一组电平,这些电平以二进制数字形式进行数字化并在 FDR 上记录。另一种是离散信号,离散信号

只取少量值并且可以对应于简单的二进制状态,例如一个阀的打开/关闭或有限数量的状态,例如自动驾驶模式。

（4）测量和事件。"测量和事件"是飞行数据监视过程的字符实体的描述,并在表中进行总结,如表 6.3 的示例所列。

表 6.3　"测量和事件"描述

搜索窗口	测　量	事　件	事件阈值
起飞	COUNT＝离散量处于活动状态的秒数	起飞阶段主警告	如果 COUNT ＞ 1,则引发事件
起飞前 60 s,直至起飞	NA	在起飞之前 60 s 板条/襟翼改变	如果在襟翼/滑板杆上产生任何运动,则引发事件

① 搜索窗口。"搜索窗口"用来说明进行测量或检测一个事件的具体时间点或时间段。在 FDM 软件工具中通常定义的飞行阶段在这里被用作指示要执行搜索的区域的基准参考。

② 测量。"测量"确定所用的数据以及分析方法。在飞行过程中提取的数据可能反映了在飞行某些点的参数上执行的计算（例如平均值、最大值、最小值或特定快照）,例如,起飞时的最大 EGT、着陆时的地面速度、ENG1 N1 与 ENG2 N1 之间的差异等。

③ 事件/事件阈值。参数和测量值可以直接与预先设定的阈值进行比较,当超过阈值时会导致"事件"。这些事件与操作员的 SOP、机身结构限制或发动机限制与正常操作的偏差相对应。

④ 成熟度等级。"成熟度等级"是工作组成员对所提出来的前兆解决意见的评估。根据表 6.4 的定义,所有前兆解决意见的最初目标是由 0 级升级到 2 级。

表 6.4　成熟级别列表

级　别	描　述
2	所提出的解决意见（或类似的方案）已在至少一种类型的飞机上实施,并向 EOFDM 提供了一些实施证据
1	提出的解决方案只是概念上的,可能取决于尚未开发或测试的不可用技术,特殊类型的数据或分析技术
0	由于时间不够,工作组 B 无法处理工作组 A 的建议,无法找到解决问题的方法,或者需要从其他领域（气象、飞机系统等）获取一些信息。无论哪种情况,都说明有一些安全问题需要做进一步研究或需要创新思路去解决

6.6.3　基于前兆的危险识别过程

欧美均已实现通过对飞行数据监控（FDM）程序进行数据分析和前兆识别,并通过前兆识别结果来确定需要进行重点监控的事件。根据前兆描述的通用结构,前兆识别的主要过程具体描述如图 6.3 所示。

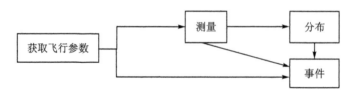

图 6.3　前兆识别过程

图 6.3 中,获取"飞行参数"为 FDM 程序的起始点,获得的飞行参数用来进行测量计算,得到其分布以及对事件进行偏差分析。图中的概念都相互联系。

通过对飞机参数进行测量计算,例如取平均值、最大值、最小值或其他计算方式,得到最终的测量结果。例如,参数 EGT(废气温度)可在不同的飞行过程中被测量出来,一般对对应飞机参数进行测量,可以确定起飞期间的 EGT 最大值,该值表示 EGT 限值的余量,是发动机退化的指标。当其他阶段 EGT 超过此限值时,可以考虑生成了一个事件。

设置阈值是调整 FDM 系统并使其适应操作特性的一个重要途径。FDM 软件供应商或飞机制造商在系统初始化时可能已经设置过一些初始阈值,这些初始阈值可以在使用过程中根据运营商的具体需求进行调整。阈值可以通过两个途径来设置,一个是飞机结构本身的物理极限限制,另一个是 SOP 的限制。这些信息通常记录在"操作和维护"手册中,作为最低安全限制。

以设置的阈值为标准,运营商监督并检查是否有生成事件的前兆表现。虽然一些不好的数据或噪声可能会导致错误报告的出现,但在监督过程中如果出现大量的红色警告,则证明阈值的设置可能不合理,需要进行再一次的评估和重新设置。每个运营商都需要从安全的角度找出适合各自系统的有意义的阈值。作为安全的最低限制,运营商设置的安全阈值应低于飞机制造商为确定持续适航活动(检查、维修等)而设定的阈值。安全阈值的设定应满足,当超过预定安全阈值后仍可以通过 FDM 程序进行后期的趋势跟踪分析,而不立刻导致事件。

第7章　风险评估

目前在工业实践过程中使用最多的风险分析方法是基于专家经验的风险矩阵法。风险矩阵法是基于事件发生可能性和后果严重等级两个维度进行定性风险判断的方法,是一个经典的风险矩阵表(见表7.1)。其分别将事件发生的可能性和后果的严重程度分为五个等级,并对矩阵区域进行划分,落入红色部分即为严重且紧急事件,风险不可接受;落入黄色部分则为潜在不安全事件,风险可容忍;落入绿色部分则为无安全影响事件,风险可以接受。

表 7.1　风险矩阵表

发生可能性概率	后果严重性等级				
	无安全影响 5	较小的 4	较大的 3	危险的 2	灾难的 1
A 频繁的	5 A	4 A	3 A	2 A	1 A
B 不经常的	5 B	4 B	3 B	2 B	1 B
C 微小的	5 C	4 C	3 C	2 C	1 C
D 极微小的	5 D	4 D	3 D	2 D	1 D
E 极不可能的	5 E	4 E	3 E	2 E	1 E

7.1　风险概率

7.1.1　评估原则

风险由不安全事件发生概率和风险暴露时间决定,其中不安全事件的发生概率是风险评估的重中之重。发生概率通常由每飞行小时平均发生概率来表示,即对受影响飞机在某个运行期间(或关注时段内)所预期发生的某个失效状态次数除以受影响飞机预期的总运行小时数的一种表示。其中,某个运行期间通常是指飞机运行的整个寿命周期;当在整个寿命周期内每飞行小时平均发生概率无法合理反映每飞行小时的发生概率时(如疲劳损伤、老化失效、早期失效等每飞行小时发生概率随时间变化有较大变化的情况),可按需对整个寿命周期进行分段计算。

对于因一些特殊情况(如发动机叶片失效、起落架失效等)需要采用其他计量单位(如飞行循环、发动机循环等)进行计算时,可在最后根据飞机的设计特性将计算结果换算成每飞行小时平均发生概率。为了确定不安全事件的发生概率,可选择定性分析,也可选择定量分析,这主要取决于对该事件信息和因果关系链中相关数据的掌握程度。通过两种不同方式的分析,可以得到相应的定性概率和定量概率,具体内容见后续章节。通常情况下,应尽量选择定量分析法来评估该概率,减少由于人为主观因素所引起的不确定性,为决策提供更为科学的依据。此外,分析时所采用的数据应以实际运营数据为主;若是实际运营数据过少,可考虑其他数据源,包括试验数据、分析数据或者专家经验数据等,但其结果的置信度通常为依次递减。

在确定不安全事件发生概率的过程中,无论是定性分析或者定量分析,都应考虑到的方面如下:

① 失效类型情况,主要包括早期失效、随机失效以及损耗失效;

② 观测到事件的失效概率;

③ 未观测到事件的隐性失效概率;

④ 失效概率的不确定性。

此外,根据飞机系统安全性设计要求,应尽量避免单点失效引起后果严重度高的风险,因此,后果严重度高的风险往往是由多个失效组合发生引起的,这就需要根据已建立的因果关系链进行概率计算,其中每个事件概率评估在理论上都应考虑到以上提到的四个方面。显然,该过程将是非常复杂的,在很多情况下可根据实际情况来适当简化其中相关考虑的内容,特别是参数的不确定性,即概率计算主要以点估计为主,以区间估计为辅。此外,为了实现具体参数的准确分析,应对什么构成"失效"进行精准定义,即所选择的定义必须满足两个条件:

① 数据集合的每一项状态必须已知,即其状态必须明确,要么是"失效",要么是"正常";

② 对每一个失效情况,其发生失效的具体时间必须已知。

在一些工程实践中,"失效"和"正常"之间的界限往往较为模糊。较为常见的情况是部件出现裂纹,例如,发动机在维修时发现压气机轮盘出现裂纹,对于发动机而言,在工作期间发动机正常工作,未失效;但对轮盘而言,在工作期间轮盘出现裂纹,这对轮盘继续正常工作将产生影响。

7.1.2　失效类型确定

通常,飞机失效可以被分为三种类型:

① 早期失效:飞机在寿命的早期,因设计、制造、装配的缺陷等原因发生的故障,其失效概率随着使用时间的增加而降低;

② 随机失效:在飞机使用寿命周期内,随机发生或者由偶然因素引起的失效,其值基本不随使用时间的变化而变化,例如,因鸟撞而导致的叶片断裂就是此类失效;

③ 损耗失效:因疲劳、磨损、老化等原因引起的故障,其失效概率随使用时间增加而增加。

对于早期失效,可采用损耗失效的方法进行分析。因此,可将这三种类型合并为两种,即不随时间变化的随机失效、随时间变化的早期失效和损耗失效。在分析过程中,若无法明确失效模式,也没有该事件的失效分布函数,可采用威布尔分析来确定。

7.1.3　定性概率评估

在很难收集到有效数据或者由于时间因素来不及收集等原因的情况下,可采取定性分析手段来得到定性概率。例如,对于飞行或维修差错等人为因素造成的失效概率,若采用定量评估,目前通常认为是不可行的。

定性分析的具体方法主要是,基于专家的工程判断、使用经验以及历史数据,根据表 7.2 的定义来评估该事件的不安全事件发生概率。其中,最右边的一列"定量概率"主要是用于参考,方便了解该定性概率与定量概率之间的相互对应关系。

由于根据主观判断来实现,因此,在实际操作中应尽量选择多个该领域专家进行独立性评估。

表 7.2　发生可能性概率对应表

序　号	定性概率	定　　义	定量概率(P)
A	频繁的	在每架飞机的总寿命期内,预计会不断地发生	$10^{-3}<P$
B	不经常的	在每架飞机的总寿命期内,预计会发生一次或多次	$10^{-5}<P\leqslant 10^{-3}$
C	微小的	在每架飞机的总寿命期内不太可能发生,但考虑该型号一定数量飞机的总运行寿命时,预计会发生几次	$10^{-7}<P\leqslant 10^{-5}$
D	极微小的	在每架飞机的总寿命期内不太可能发生,但考虑该型号一定数量飞机的总运行寿命时,预计会发生很少几次	$10^{-9}<P\leqslant 10^{-7}$
E	极不可能的	在该型号所有飞机的整个运行寿命期内,预计都不可能发生	$P\leqslant 10^{-9}$

7.1.4　定量概率评估

定量的风险评估包含两个部分,即初因事件发生概率和初因事件发展到不安全后果的条件概率。定量风险评估的几个重点在于事件链模型的建立、机队情况的确定和风险水平的计算,下文将详细描述。

1. 事件链模型

在计算风险时,不仅要考虑不安全事件的发生概率和不安全后果的严重程度,还需要考虑从初因事件导致不安全后果的条件概率。要计算条件概率,建立从初因事件到不安全后果的事件链是关键步骤。

事件链是指一串按时间排序的事件顺序,它由某些偶发事件(初因事件)引起,通过一个或多个中间事件(也称关键事件或者轴心事件)的作用最终导致特定的后果,如图 7.1 所示。

构建事件链模型的具体实施过程如下:

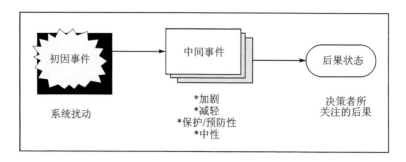

图 7.1　事件链模型构建过程

　　(1) 初因事件确定。初因事件是事件链的起始点,在根原因还未明确的情况下,通常将发现的事件本身作为初因事件,包括失效、缺陷、故障等事件。随着原因调查的深入,可随时进行调整,以便于更准确、更完整地建立事件链。可以通过主逻辑图确定初因事件。

　　(2) 事件链建模。事件链建模的目的是利用事件链,对其后续事件的先后次序和因果关系进行建模,这些事件即事件链的中间事件中,包含了控制初因事件发展为潜在不安全状态的预防性控制措施。时间序列图恶化事件树方法有助于事件链建模。

　　(3) 故障建模。对于事件链上复杂的初因事件或中间事件的故障(失效),可根据实际需求进一步建模,即将初因事件或中间事件的故障(失效)作为故障树的顶事件,然后建立导致顶事件发生的所有可能直接因素。故障建模通常采用故障树方法,也可采用可靠性框图、马尔科夫链、贝叶斯网络、共因分析 STPA 等其他方法。

　　根据建立的事件链模型,分析上一个事件(原因)导致后一个事件(结果)的条件概率,方法包括历史数据统计、实验测试、专家经验、故障树分析、仿真模拟等。图 7.2 为一个事件链的示意图,图中显示了以下三种条件模型:

　　(1) 研究中的不安全状况,如状况"A_1"、状况"B_2";

　　(2) 事件发生频率,如 P_c;

　　(3) 研究中的不安全状况发展成已知严重后果的条件概率,如 D_{A1}、D_{B2} 等。

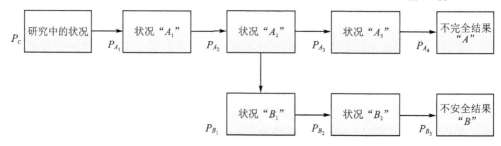

图 7.2　事件链示意图

条件概率的具体数值多来源于统计,也可以通过故障树等方法计算得到。在数据量较少的情况下,通常可以保守地将条件概率假设为 1,表示不安全事件一定会导致某种不安全后果,但是这样计算的风险值一般偏大。

2. 机队暴露情况

机队暴露情况用于计算机队风险,对机队风险进行长期预测,以确定不安全状态是否存在,并指导纠正措施的决策。机队暴露时间主要和机队规模、机队利用率以及研究的时间相关。在考虑剩余机队寿命的累计风险时,需要考虑所有受影响机队的全部剩余寿命。

3. 确定事件风险水平

当确定了事件风险类型、事件后果严重度等级、事件发生概率、条件概率和机队暴露情况后,可以通过 TARAM、CAAM、风险矩阵等多种方法建模以确定事件风险水平,包括未纠正单机风险和未纠正就对风险。

单机风险概率计算是以“每飞行小时”或“每飞行循环”为单位,而机队风险评估的结果通常表示为 12 个月机队的总事故数,或者到退役前或故障排除前的事故总数,需要考虑:

(1) 基于统计数据的故障率预测。当利用基于统计数据计算概率时,即假设影响故障发生的原因具有随机性。当一个飞机的故障发生概率被视为常数时,则机队中每架飞机的故障发生概率可视为相等,机队风险是单个飞机故障发生概率和机队风险暴露时间的函数。

(2) 考虑组件的老化特性。如果用威布尔分布(或其他故障分布)来计算部件的老化故障特性,机队风险的计算则需要考虑以下三个因素:

① 服从威布尔分布;

② 机队中每个部件的使用时间;

③ 维修计划时间表。

7.2　风险建模方法

本节介绍风险评估过程中常用的建模方法,主要讨论 5M 与 SHEL 模型、主逻辑图、事件树模型等。

7.2.1　5M 与 SHEL 模型

5M 和 SHEL 模型在现在工程质量及管理中运用广泛,在风险评估中我们也可以将 5M 和 SHEL 模型运用在风险因素的识别中,为提供完善的风险评估奠定基础。

FAA 是这么定义 5M 的:Man(人员)、Management(管理)、Machine(设备)、Media(环境)和 Mission(任务),如图 7.3 所示。

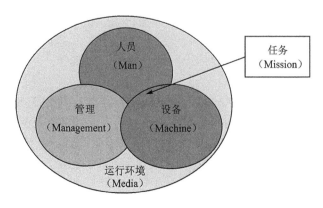

图 7.3　5M 模型

SHEL 模型的概念最早由 Elwyn Edwards 教授于 1972 年提出，Frank Hawkins 于 1975 年用图表描述了该模型。它强调人以及人与航空系统中其他组成部分之间的相互关系界面。SHEL 模型的名称来自其四个组成部分的英文首字母：

① 人件（L）（工作场所中的人）；

② 硬件（H）（机械与设备）；

③ 软件（S）（程序、培训、支持等）；

④ 环境（E）（L－H－S 系统其余部分的运行环境）。

SHEL 模型对于形象地描绘航空系统中各个组成部分之间的相互关系尤为有用。其中包括：

① 人件-硬件（L-H）。当提到人的因素时，最常考虑的是人与机器之间的相互作用（人类工程学）。它决定着人如何与实际工作环境相互作用，例如，设计适合人体坐姿特点的座位，适合用户感官和信息处理特点的显示器，可移动性、编码和位置适合用户的控制装置。然而，人的本能倾向于适应 L-H 不协调状况，这种倾向可能会掩盖严重的缺陷，而这种缺陷可能在事故发生后才显现出来。

② 人件-软件（L-S）。此界面是指个人与其工作场所中的支持系统之间的关系，例如规章、手册、检查单、出版物、标准操作程序和计算机软件。它包括诸如现行性、准确性、格式和表达、词汇、清晰度和符号表示法等"方便用户"问题。

③ 人件-人件（L-L）。此界面是指工作场所中人与人之间的关系。机组成员、空中交通管制员、航空器维修工程师，以及其他运行人员以团队形式工作，并且团队影响对人的行为和行为能力起决定性作用。此界面与领导、合作、协作和个性的相互作用有关。机组资源管理（CRM）出现后，人们开始对此界面给予巨大关注。机组资源管理培训及其向空中交通服务（团队资源管理——TRM）和维修（维修资源管理——MRM）的延伸促进了集体协作，并将重点放在了正常的人为差错管理上。员工/管理者的关系与大大影响人的行为能力的企业文化、企业氛围和公司运营压力一样，也属于此界面的范围。

④ 人件-环境（L－E）。此界面涉及个人与内部、外部环境之间的关系。内部工作场所环境包括温度、周围光线、噪声、振动和空气质量等实际条件。外部环境（对于飞行员而言）包括能见度、湍流和地形等。每周 7 天，每天 24 小时运转的航空工作环境越来越明显地对正生物钟（如睡眠节律）造成干扰。此外，航空系统的运营还受到广泛的政治和经济方面的限制，这将又会影响到公司的整体环境。这里包括实际设施和辅助性基础设施的充足性、地方财政状况和管理的有效性等因素，就像当时的工作环境可能迫使员工走捷径一样，基础设施不充足也会影响决策的质量。

必须谨慎行事，以免遗漏界面出现的问题（危险）。对这些界面的粗糙边缘大都可以管理，例如：

① 设计者可以确保在指定的操作条件下设备性能的可靠性；

② 认证过程中，管理当局可以限定使用设备的条件；

③ 组织的管理者可以详细说明标准操作程序，并为安全使用设备提供初训与复训；

④ 单个设备操作者能够确保其对在所要求的所有操作条件下安全使用设备了如指掌，充满信心。

7.2.2　主逻辑图

主逻辑图是确定初因事件的有效技术，有利于将人们的想法和观点整合到完整的候选初因事件列表中，如果不安全事件已经发生，则风险评估中的初因事件即为此不安全事件。

主逻辑图是一种层次机构图，是对顶事件发生的必要条件的一种分级描述，也是描述系统扰动发生过程的层次化图形。通常，这些扰动包括容器失效（对于液体系统尤为重要）、控制失效、冷却失效，此外，还可能包括设计人为错误、软件差错等因素。在主逻辑图中，顶事件是一个后果状态。通常，所关注的后果状态与任务的失败有关（如损失航空器）。导致顶事件发生的必要但非充分的事件（功能），将随着主逻辑图逐层形成而逐渐细化。一般来说，上面各级事件是系统级的功能失效，下面各级事件是分析图或者单机的功能失效。对于辅助任务来说，还有必要根据不同的任务阶段来构建主逻辑图，因为随着任务的进展，危险和初因事件可能发生变化。图 7.4 列举了主逻辑图的概念特征。

可以看出主逻辑图类似于故障树，但是它没有明确的逻辑门。主逻辑图区别于故障树的另一个地方在于，主逻辑图中所定义的初因事件不必为故障。

主逻辑图的建立是一个自上而下的过程。例如，可以把"损失航天器"事故作为顶事件，将其分解为一组新的下级事件，这些事件都是导致发生"损失航天器"的必要条件；然后，对每个下级事件继续进行分解，分解后的新事件是导致"发生损失航天器"的必要条件。由于主逻辑图底层的基本事件是导致"发生损失航天器"的不可分解的必要条件，所以，这些基本事件就可作为导致发生"损失航天器"事故的初因

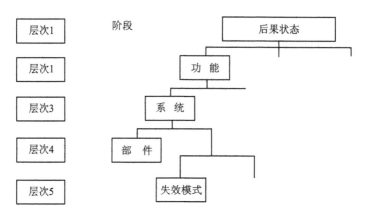

图 7.4　主逻辑图示例

事件。

　　在构建主逻辑图时,一个核心概念是截止点。显然,如果没有一些终止标准,一个主逻辑图可以无限制地发展下去。截止点是应用于主逻辑图各分支的终止标准。当较低层次的分支与较高层次的分支具有相同的系统响应结果时,便产生了截止点。此时,构建更详尽的主逻辑图对于识别可以导致某些后果的初因事件来说,已经没有太大的意义了,因此不进一步展开。

　　在应用主逻辑图的过程中,还应注意以下几点:① 避免将主逻辑图做得过细;② 不要将部件的失效模式与事件链的初因事件混淆起来;③ 整个过程是重复进行的,即从主逻辑图开始来获得假定的初因事件,然后开始构建事件链,注意相似的和不同的系统响应,进一步更新主逻辑图和事件链。

7.2.3　事件序列图与事件树

　　事件序列图和事件树用于事件链建模,有助于定量地确定条件概率和事件后果的严重程度。

　　事件树分析法(Event Tree Analysis,简称 ETA)是安全系统工程中常用的一种归纳推理分析方法,起源于决策树分析(简称 DTA),它是一种按事故发展的时间顺序由初始事件开始推论可能的后果,从而进行危险源辨识的方法。这种方法将系统可能发生的某种事故与导致事故发生的各种原因之间的逻辑关系用一种称为事件树的树形图表示,通过对事件树的定性与定量分析找出事故发生的主要原因,为确定安全对策提供可靠依据,以达到猜测与预防事故发生的目的。目前,事件树分析法已从宇航、核产业进入到一般电力、化工、机械、交通等领域,它可以进行故障诊断、分析系统的薄弱环节,指导系统的安全运行,实现系统的优化设计,等等。

　　ETA 可以事前预测事故及不安全因素,估计事故的可能后果,寻求最经济的预防手段和方法。事后用 ETA 分析事故原因,十分方便明确。ETA 的分析资料既可作为直观的安全教育资料,也有助于推测类似事故的预防对策。当积累了大量事故资料时,可采用计算机模拟,使 ETA 对事故的预测更为有效。在安全管理上用 ETA 对重大问题进行决策,具有其他方法所不具备的优势。

1. 确定初始事件

事件树分析是一种系统地研究作为危险源的初始事件如何与后续事件形成时序逻辑关系而最终导致事故的方法。正确选择初始事件十分重要。初始事件是事故在未发生时,其发展过程中的危害事件或危险事件,如机器故障、设备损坏、能量外逸或失控、人的误动作等。可以用两种方法确定初始事件:根据系统设计、系统危险性评价、系统运行经验或事故经验等确定;根据系统重大故障或事故树分析,从其中间事件或初始事件中选择。

2. 判定安全功能

系统中包含许多安全功能,在初始事件发生时消除或减轻其影响以维持系统的安全运行。常见的安全功能列举如下:对初始事件自动采取控制措施的系统,如自动停车系统等;提醒操作者初始事件发生了的报警系统;根据报警或工作程序要求操作者采取的措施;缓冲装置,如减振、压力泄放系统或排放系统等,局限或屏蔽措施等。

3. 绘制事件树

从初始事件开始,按事件发展过程自左向右绘制事件树,用树枝代表事件发展的途径。首先考察初始事件一旦发生时最先起作用的安全功能,把可以发挥功能的状态画在上面的分枝上,不能发挥功能的状态画在下面的分枝上。然后依次考察各种安全功能的两种可能状态,把发挥功能的状态(又称成功状态)画在上面的分枝上,把不能发挥功能的状态(又称失败状态)画在下面的分枝上,直到到达系统故障或事故为止。

4. 简化事件树

在绘制事件树的过程中,可能会遇到一些与初始事件或与事故无关的安全功能,或者其功能关系相互矛盾、不协调的情况,需用工程知识和系统设计的知识予以辨别,然后从树枝中去掉,即构成简化的事件树。

5. 事件树定性分析

事件树定性分析在绘制事件树的过程中就已进行,绘制事件树必须根据事件的客观条件和事件的特征作出符合科学性的逻辑推理,用与事件有关的技术知识确认事件的可能状态,所以在绘制事件树的过程中就已对每一发展过程和事件发展的途径作了可能性的分析。

6. 事件树的定量分析

事件树定量分析是指根据每一事件的发生概率来计算各种途径的事故发生概率,比较各个途径概率值的大小,作出事故发生可能性序列,确定最易发生事故的途径。一般地,当各事件之间相互统计独立时,其定量分析比较简单。当事件之间相互统计不独立时(如共同原因故障、顺序运行等),则定量分析变得非常复杂。

7.2.4　FTA 与 FMEA

　　FMEA 和 FTA 是最常用的安全性分析方法,在不安全事件风险评估过程中,可以用故障模式影响分析方法(FMEA)计算不安全事件后果的严重性,同时用故障树分析方法(FTA)确定事件发生的概率,并将两种方法相结合应用于单机运行风险计算。

　　概率风险评估分两步进行,其评价方法流程如图 7.5 所示。

　　第一步,利用 FMEA 分析事故损失 S。熟悉飞机构造及系统组成,从各部件讨论潜在故障及原因、不安全后果及严重程度;拟定可接受范围,判断是否需要进行第二步。

　　第二步,利用 FTA 确定事故发生概率 P。结合 FMEA,由上而下确定导致顶事件发生的最小割集。通过民用飞机历史运行数据确定基本事件概率,从而获得顶事件概率。

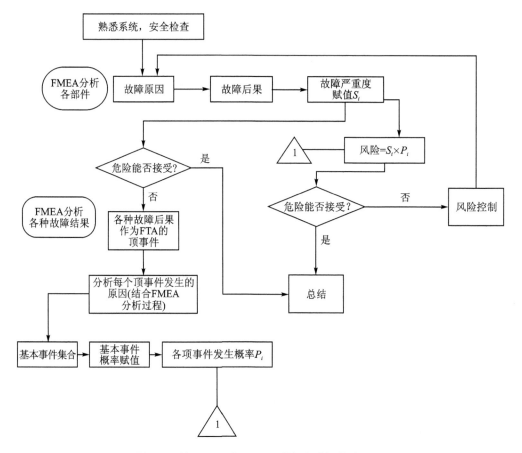

图 7.5　使用 FTA 和 FMEA 进行风险评估流程图

风险 R 为

$$R = \sum_{i=1}^{n}(S_i \times P_i) \tag{7.1}$$

式中,S_i 为第 i 个故障损失;P_i 为第 i 个故障概率;$i = 1, 2, \cdots, N$。

7.2.5 共因失效模型

共因失效(CCF)是指由于同一个原因或事件引起系统中多个部件同时失效,当这些部件的失效模式相同时共因失效又称为共模失效(CMF)。在计算风险水平时,必须考虑共因失效影响。

在民用系统设计中常采用余度设计来提高系统的可靠性与安全性,因此在余度系统中子系统之间、部件之间必须满足一定的独立性要求,或者保证由非独立性引起的风险是可以接受的。CMF 的出现则表明余度系统存在一定数量的故障是非独立的,这种非独立性的存在降低了冗余系统的可靠性,增加了系统的失效概率,给飞机的安全性带来了巨大隐患。表 7.3 所列为 DF、CCF、CMF 及 CF 的定义。

CMA 是对共模故障进行分析的工具,其通过分析故障树"与门"输入事件(系统中的余度单元)是否满足独立性要求来确定共因事件对系统安全性的影响。CMA 分析内容涵盖了设计、制造、操作与维修错误、相同软硬件故障等各类导致共因失效的因素。

表 7.3 DF、CCF、CMF 及 CF 定义

类 别	定 义
相关失效(DF)	一系列事件的概率不能表达为单独事件的非条件失效概率的乘积
共因失效(CCF)	相关失效的特殊形式发生在冗余系统中,由于单一共因而导致不同通道的同时或近乎同时失效
共模失效(CMF)	包含在共因失效中,表示多重元器件以相同的模式失效
级联失效(CF)	相关失效中除了共因失效之外的所有失效,即不包含冗余部件

共模故障分析程序如下:

1. 建立特定的 CMA 检查单

对设计方案进行独立性检查是 CMA 的重要内容,而制定 CMA 检查单则是开展独立性检查的依据。

2. 确定 CMA 需求

主要目的是确定 CMA 需求,即系统中哪些对象必须满足独立性要求。CMA 需求的确定必须以熟悉所分析系统的具体设计特性为基础,其主要来源于两方面,一类来源于 PSSA,另一类来源于设计与工程经验。为了执行 CMA,首先必须熟悉所分

析系统运行和安装的特性。

此外,分析人员还必须熟悉设计中采用的用以消除共模影响,或者使得共模影响最小化的系统设计特性。

3. CMA 实施

针对确定的每一 CMA 需求,进行如下处理:

① 确定与每一 CMA 有关的共模故障类型、来源,以及可能的共模失效或错误;

② 分析每个可能的共模失效与错误,以验证其是否满足独立性要求;

③ 若认为其不符合独立性,给出可能的解决方案与初步设计纠正措施;

④ 实施并跟踪纠正措施,确定纠正后的设计方案的可接受性。

7.2.6　STPA 模型

2003 年麻省理工学院林肯实验室提出,STPA 是基于 STAMP 的一种危险分析方法,已广泛应用于航空、铁路和能源开发领域。

STAMP 模型是一种基于系统理论的事故分析模型,主要关注系统组件间的交互及其控制机制。它认为事故不是由独立事件导致的,而是在系统开发、设计、运行过程中与安全相关的约束不适当或执行不充分所造成。STPA 是建立在 STAMP 基础上的一种危险分析方法。STAMP 强调危险是由不安全控制行为造成的,而STPA 着重于如何找出导致危险的不安全控制行为。从整个分析过程来看,STPA 提供了一种系统的、有序的、有组织的危险分析形式,具有结构严谨、简便直观、操作性强等优点,无疑该方法也成为现有危险分析方法的强有力的替代方法。STPA 是近些年来发展起来的一种危险分析技术,能处理社会技术系统,但社会技术系统的复杂性决定了使用者的认识深度,如绘制安全控制结构的困难,限制了 STPA 的使用推广,有待于深入探讨。

STPA 是通过构建诸如由执行器、控制过程和传感器构成的反馈控制回路,如图 7.6 所示,分析其输入、输出信号在性能、时间或逻辑上可能的不合理情形,深入挖掘可能的不安全控制作用和场景。STPA 需要执行以下两个步骤:① 识别不安全的控制行为;② 识别相关的致因因素。

针对不安全的控制行为,STPA 定义了四种形式:① 没有提供控制行为;② 提供了产生危险的控制行为;③ 提供的安全控制行为过早或过晚;④ 提供的控制行为作用时间过短或过长。然后,根据控制过程回路来识别产生不安全控制的因素。

STPA 着重于如何找出导致危害的不安全控制行为并通过一系列的步骤找出导致系统危险出现的根本原因。STPA 方法的具体步骤如图 7.7 所示。

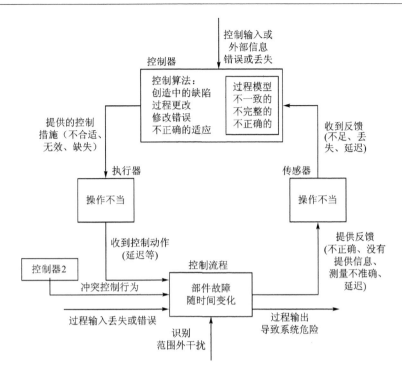

图 7.6　反馈控制回路

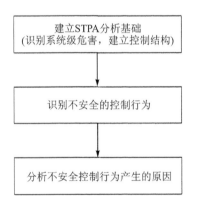

图 7.7　STPA 危害分析步骤

7.2.7　TARAM 模型

运输飞机风险评估方法（Transport Airplane Risk Assessment Methodology，TARAM）是一种概率风险评估方法，用于判定运输类飞机持续运行中的不安全状态，为准确评估风险后续缓解措施的制定及其符合性期限的确定提供重要依据。TARAM 方法最早由美国运输飞机部提出，目的是进一步落实国际民航组织

(ICAO)的安全管理系统(SMS),并符合美国联邦航空局(FAA)指令 8110.107 安全监控/数据分析(MSAD)的风险评估流程。

1. TARAM 风险介绍

风险管理是系统中目标为识别、分析、评估潜在危险事件的连续管理过程,可以识别并引入有效的风险控制手段,消除并减少对人员、环境或者其他资产可能造成的伤害。在运输类飞机持续运行阶段,不安全事件的风险类型可以分为单机风险和机队风险两类,用以保证每架飞机以及整个机队的安全水平均达到可接受程度。

(1)单机风险。单机风险即每架飞机的风险水平,用每飞行小时乘员遭受致命损伤的概率表示。单机风险影响因素如图 7.8 所示,包括:① 不安全状况可能发生的最大频率(通常以每飞行小时或每飞行循环的平均乘员损伤概率表示);② 该状况导致的严重后果的条件概率;③ 如果在规定的时间里没有采取纠正措施,严重后果导致的致命损伤率。

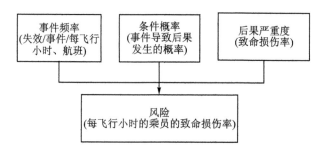

图 7.8　单机风险指标定义与影响因素分析

(2)机队风险。机队风险定义为:在没有采取措施来纠正已确定的、潜在的不安全状况时,预计在规定时间内机队发生权重事件次数或死亡人员的数量。机队风险评估本质上是对整个机队单机风险的累积。单机风险计算是以"每飞行小时"或"每飞行循环"为单位的基础上计算出概率,而机队风险评估的结果通常表示为一段时间内的权重事件总数或乘员损伤率,或者是到退役前或故障排除前的权重事件总数或损伤率,如图 7.9 所示。

机队风险影响因素包括:① 在研究中的不安全状况可能发生的次数(如该不安全状况的统计期望);② 由于该状况导致的严重后果的条件概率(该不安全状况会导致已知严重度的后果的概率);③ 后果的严重度,即如果在规定的时间里没有采取纠正措施时,权重结果或预期的死亡人员的数目。

2. TARAM 风险指标

在运输飞机实际风险评估的过程中会遇到以下三个问题:是否有必要采取纠正措施? 是否紧急? 纠正措施是否可接受? 为了解决这三个问题,进一步定义了在运输飞机风险评估不同阶段的五个风险值:三个机队风险值和两个单机风险值,其定义和用途如表 7.4 所列。

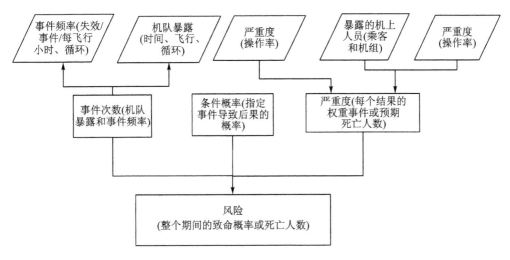

图 7.9　机队风险指标定义与影响因素分析

表 7.4　风险值的定义、用途和指标

风险值	定　义	用　途	风险指标
不受控机队风险	当已确认了潜在不安全状况时，如果没有采取纠正措施，事件在受影响机队的剩余寿命中预计会发生的次数。这些事件由损伤率(IR)进行加权	提供了不采取纠正措施时对未来风险的长期预测，有助于确定不安全状态是否存在，并用于指导纠正措施的决策	>0.02 或 0.04 (0.02 用于商业客运中的运输类飞机和机队；其他情况用 0.04)
不受控单机风险	如果没有采取措施，暴露的乘员在一个合理的未来航班数期间，每飞行小时遭受致命损伤的最高概率	上面定义的机队风险用于低机队暴露或严重度可接受的情况，但不可用于飞行在高危状态的个别飞机。不受控单机风险有助于确定不安全状况是否存在，并用于指导纠正措施决策	$>10^{-7}$/飞行小时，即使不受控的机队风险可接受，每飞行小时的单机风险仍不可接受
90 天机队风险	如果没有采取纠正措施，受影响机队在接下来的 90 天里的短期机队风险	提供短期风险预测，有助于确定可能需要的纠正措施的迫切性。90 天机队风险值提供了用于资源分配的决策支持信息	N/A
受控机队风险	受影响机队在受控(纠正措施正施行)期间的机队风险	帮助风险管理人员评估候选纠正措施的可接受性。当需要更多紧急措施时使用风险参考标准来标识风险等级	>3，则纠正措施不可行
受控单机风险	在纠正措施完成前暴露的乘员在一个合理的未来航班数期间，每飞行小时遭受致命受损的最高概率	上面定义的受控机队风险用于低机队暴露时间或严重度结果可接受的情况，但不可用于需要采取更多积极措施的飞机。该风险计算有助于确定不安全状况是否存在，并用于指导纠正措施决策	$>10^{-6}$/飞行小时，必须采取紧急措施；$>10^{-5}$/飞行小时，不适航

表 7.4 同时给出了上述五种风险指标的风险参考标准,风险指标来源于工业实践,用以判断风险值的大小。

值得注意的是,在运输飞机风险评估的过程中,并不是一定要考虑这五种风险,如果基于初始风险值或其他信息,可以判断出没必要采取纠正措施,那么受控风险或 90 天风险则均没必要计算。

3. TARAM 风险评估过程

基于 TARAM 的风险评估过程如图 7.10 所示。

(1) 确定事件信息。在风险评估的开始阶段,首先需要确定潜在不安事件的具体信息,包括确定不安全事件、可能会导致的不安全结果,以及受影响机队。风险定量评估中的不安全事件可以是任何与飞机相关的、潜在的不安全状况,而不安全后果发生的概率是不安全事件的发生概率与从研究中的不安全状况转入不安全后果的条件概率的乘积。

(2) 确定机队暴露情况。机队暴露情况用于随机失效分布事件,表示受影响机队在某一具体时间段内总的暴露情况,其表达式为

$$机队暴露情况 = U \times T \times \Sigma \tag{7.2}$$

式中,U 是机队利用率,即在规定的单位时间(如每天)里机队飞机飞行小时或飞行循环数。T 是计算风险的时间范围。Σ 是研究中受影响机队的飞机数。

(3) 确定可能发生次数。可能发生次数代表在 T 时间内某种情况的发生次数。对于随机失效分布事件,可能发生事件次数等于机队暴露情况与发生频率的乘积。

一般情况下,可以直接计算整个受影响机队可能发生事件的次数。但当发生频率(F)在子机队之间显著变化时,需要单独确定每个子机队的暴露情况,以及事件相关子机队可能的发生频率,获得每个子机队可能发生事件的次数,并求和。例如,一个事件的可能发生次数在三个子队中频率变化很大,则计算过程为

$$可能发生次数 = (F_1 \times U_1 \times T \times \Sigma_1) + (F_2 \times U_2 \times T \times \Sigma_2) + (F_3 \times U_3 \times T \times \Sigma_3)$$

$$\tag{7.3}$$

(4) 确定结果因素。确定结果因素包括事件链建模、确定条件概率和确定严重性。

① 事件链建模。事件链是指一串按时间排序的事件顺序,它由某些偶发事件(初因事件)引起,通过一个或多个中间事件(也叫关键事件或轴心事件)的作用最终导致特定的后果。在运输飞机风险定量评估中,针对所识别出的潜在不安全事件建立从初因事件到不安全后果的事件链是评估的关键过程。初因事件确定、事件链建模和故障建模。

② 确定条件概率。根据建立的事件链模型,分析上一个事件(原因)导致后一个事件(结果)的条件概率,方法包括历史数据统计、实验测试、专家经验、故障树分析、仿真模拟等。

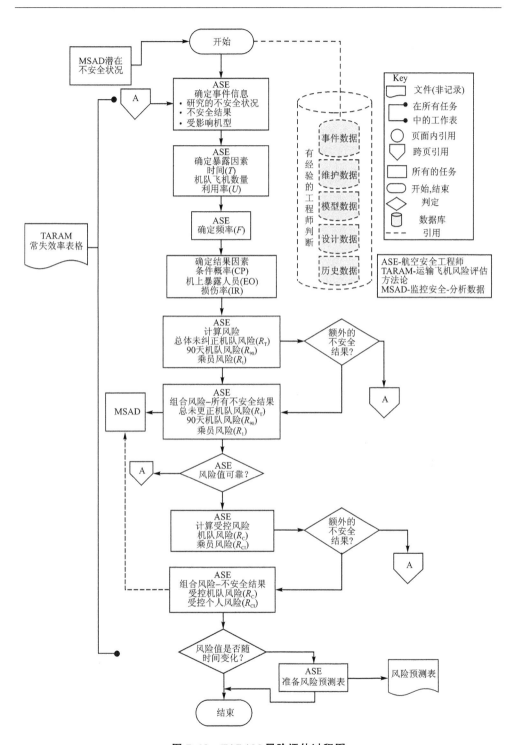

图 7.10　TARAM 风险评估过程图

③ 确定严重性(S)。不安全后果的严重性即不安全事件对飞机运营过程产生影响的严重程度,例如,对飞机、乘客及机组人员的影响。而 TARAM 过程中用发生致命伤害的概率表示不安全后果的严重性。

对于未受控机队风险和单机风险,严重性即是损伤率(IR),其表达式为

$$S = \text{IR} \tag{7.4}$$

损伤率即暴露于某一特定不安全结果或情况的人均死亡率,IR 值通过将每个不安全结果的死亡人数(包括地面上的人)除以暴露的人数(飞机乘客和机组人员)得出。

对于 90 天风险和受控风险,严重性是每发生一次的死亡人数,其表达式为

$$S = \text{IR} \times \text{EO} \tag{7.5}$$

式中,EO 是暴露的机上人员,指在不安全结果或状况中预计会受到致命损伤威胁的机上人员数量。

(5) 计算风险。计算风险包括不受控机队风险和不受控单机风险。

① 不受控机队风险。对于随机失效问题,风险是可能的发生次数、条件概率和严重性的乘积,其表达式为

$$R = (U \times T \times \Sigma \times F) \times \text{CP} \times S \tag{7.6}$$

式中,CP 是条件概率。

② 不受控单机风险的表达式为:

$$R_1 = F \times \text{CP}_1 \times \text{IR} \tag{7.7}$$

如果飞机之间没有重要的差异,则用平均值表示不受控单机风险;如果包括特殊情况、多种情况的组合或者存在子机队,则用最高值表示不受控单机风险。

③ 受控风险。作为 MSAD 的一部分,计算受控机队风险(R_C)和受控单机风险(R_CI)以决定是否需要发布适航指令(AD)。如果研究的不安全情况会导致不止一个不安全后果,在计算受控机队风险时将机队风险因素组合(一般是相加),而在计算受控单机风险时应选取最大单机风险作为受控单机风险值。受控风险值的表达式如下:

$$\text{受控机队风险}: R_\text{C} = (U_\text{C} \times T_\text{C} \times \Sigma_\text{C} \times F) \times \text{CP}_\text{C} \times (\text{IR} \times \text{EO}) \tag{7.8}$$

$$\text{受控单机风险}: R_\text{CI} = F_\text{CI} \times \text{CP}_\text{CI} \times \text{IR} \tag{7.9}$$

值得注意的是,风险评估中当概率计算问题只能以少量观测到的事件作为基础时,其结果将出现显著的统计不确定性,因此在分析时给分析结果加上通过计算统计的置信区间,利用校准观测概率的置信因子,推断统计结果的确定性水平。

7.2.8　CAAM 模型

CAAM 是一种基于部件故障统计、威布尔分析和蒙特卡罗仿真的适用于航空发动机的风险评估方法。CAAM 的分析流程包括:发动机故障事件统计、蒙特卡罗仿真计算故障风险因子、确定风险等级、计算每次飞行的风险、对风险进行评估。

　　CAAM 是一个使用一个定量风险评估和飞机预期的后果,建立适当的水平和纠正措施安排表来解决安全问题的过程。CAAM 是一个由航空航天工业协会(AIA)工作小组在 1991 年提供的有效方法来识别,优先考虑和解决发生在商业飞机引擎安全问题。一个事件表征系统,称为危险程度,基于观察一个与安全相关的事件飞机结果或后果开发。十多年的发动机、螺旋桨和辅助动力装置的事件(1982—1991)进行了分析和危险度分类制定风险比(危害航空器和/或乘客的安全相关事件的部分)。CAAM 的过程应用风险比率的结果定量风险评估预测的风险级别的飞机和/或乘客。这个风险是用来确定纠正安全问题的允许时间。

7.2.9　其他风险评估方法

　　其他风险评估方法及运用阶段如表 7.5 所列。

表 7.5　其他风险评估方法及运用阶段

风险评估技术	运用阶段				
	描述事件	危险识别	风险评估	风险控制	经验学习
ASRM (Aviation Safety Risk Model)航空安全风险模型 航空系统风险模型是一种可以用来计算相对安全风险度指标的飞机事故原因模型。在 ASRM 中,一种事故的类型被描述为一种二进制的贝叶斯信念网络,20 个模型已经开发出 6 种类型的事故。这些模型是用案例研究和与主题专家在会议期间获得的知识一起开发的。考虑到其他因素的存在,一个因果因素的条件概率估计使用的是主题专家或数据的"信念"。该模型可用于评价新技术的潜在风险影响		√	√		
Bias and Uncertainty Assessment(拜厄斯与不确定度评估)目的是了解基于模型的事故风险评估中所采用的假设,及其对评估结果的影响。技术评估了所有模型假设和参数值对事故风险的影响,并将结果与实际风险的估计和 95% 可信区间相结合			√	√	
Bow - Ti 分析是一种风险评估和风险管理的工具,通过识别和评估风险、分析风险因素、设置风险屏障、采取风险控制和(减缓)恢复措施,有效预防事故发生。Bow - tie 风险技术是将故障树、事件树和圆蔥图理论相结合的系统风险评估及量化技术,对组织缺陷以及人为失误占主导因素的民用机场运行安全风险评估具有较高的应用价值		√	√	√	

风险评估技术	运用阶段				
	描述事件	危险识别	风险评估	风险控制	经验学习
Petri Nets(佩特里网)。佩特里网是一个图形和数学工具,用于建模离散事件系统。它包括连接它们的地方(圆)、过渡(正方形)和弧线(箭头)。一个地方的令牌表示相应的离散状态是当前的。可以使用佩特里网对系统组件进行建模,或者将子系统用于各种抽象级别,例如,概念上、下上、详细设计,或硬件、软件或组合的实际实现		√			
CATS (Causal Model for Air Transport Safety)(航空运输安全的因果模型)。航空运输安全的因果模型是一种飞机事故原因模型。所有潜在的事故按事故类别,都在一个贝叶斯信仰网络中。这允许模型考虑依赖项。利用事故、事件数据和专家判断对模型进行量化。事故造成的伤亡和飞机损坏的后果也体现在模型中。对于模型中的每个数字,估计的不确定性由一个标准差表示。该模型旨在实现比较判断,例如,随着时间的推移,优先考虑潜在的安全措施(例如,在预期有效性的基础上)	√				√
CIA (Cross Impact Analysis)(交叉影响分析)。交叉影响分析基于一个前提,即事件和活动不发生在真空中,其他事件和周围环境可以显著影响某些事件发生的概率。它尝试连接事件和变量之间的关系。然后,这些关系被归类为正或负的,并被用来确定在给定的时间范围内,哪些事件或场景是最可能发生的		√	√		
Data Mining(数据挖掘)。数据挖掘是系统分析大量数据以发现未知趋势、模式或关联的通用术语。目前正在开发最先进的方法来识别非处方的非典型模式和新型的相互关系,这些模式可能是新型风险的指标。在航空安全信息分析、共享系统(ASIAS)、不同的飞行操作质量保证(FO-QA)和飞行数据监测(FDM)项目中,这些都被用于分析定量数据。同样,新的机器学习算法正在开发,以自动将事件从叙述数据的挖掘中分类。在所有情况下,数据挖掘被用来引起专家分析人员对可能预示未来安全问题的有趣模式的关注		√	√	√	√
DBN (Dynamic Bayesian Network)(动态贝叶斯网络)。动态贝叶斯网络(或动态贝叶斯信念网络)是研究具有随机行为的状态转换系统的一种方法。DBN 是一个表示变量序列的贝叶斯网络。这些序列通常是时间序列(例如,在语音识别中)或符号序列(例如,蛋白质序列)。DBBNs 包含大量的概率图形模型,可以作为动态系统的图形表示。有了这个,它们就能提供一个统一的概率框架来整合多元模式		√			

风险评估技术	运用阶段				
	描述事件	危险识别	风险评估	风险控制	经验学习
FORAS(飞行操作风险评估系统)。飞行操作风险评估系统是一种风险建模方法,将风险因素及其相互关系作为模糊的专家系统。FORAS 风险模型提供了一个定量的相对风险指数,它代表了对单个航班运行的潜在危险的累积影响的估计。FORAS 所产生的定量相对风险指数允许对航班进行比较,并有助于在整个组织中传播安全问题		√	√		
HAZOP (Hazard and Operability Study)(危险及可操作型研究)。小组评论使用的是结构化的头脑风暴,使用诸如"无""反向""少""晚""多"等关键字。目的是发现潜在的危险、可操作性问题和潜在的运行条件偏差,也建立了事件的可能性和结果。系统上的危险事件应该用其他方法来识别		√			
PRA (Probabilistic Risk Assessment based on FTA/ETA)(基于 FTA /ETA 的概率风险评估)。概率风险评估使用事件树和故障树的组合来分析与特定系统相关的风险。事件树表示可能的事故场景,事件树中的每个事件都表示为故障树。普拉斯被广泛用于分析与核电站相关的风险		√	√		
PSSA (Preliminary System Safety Assessment)(初步系统安全评估)。PSSA 根据 ARP 4761 建立了具体的系统和项目安全要求,并初步表明预期的系统架构能够满足这些安全要求。PSSA 在整个系统开发过程中进行更新。PSSA 用于确保 FHA 的故障条件列表的完整性,并完成安全需求。它还用于演示系统如何满足确定的各种故障条件的定性和定量要求		√	√	√	
Quantification of systemic risk and stability: New methods and measures 系统性风险的量化和稳定性:新方法和措施			√		
Risk AHP method(风险层次分析法)			√		
Scenario Analysis(情景分析)。情景分析可以通过假定有可靠且符合逻辑的事故场景来识别并纠正危险的情况。场景分析依赖于询问"如果"在关键阶段的飞行,并列出适当的响应。步骤是:① 假设场景;② 识别相关危害;③ 估计可能发生的最严重的最坏情况;④ 估计假设情景发生在伤害程度(严重性)的可能性	√	√	√		

7.3　风险评估中的数据分析方法

本节介绍风险评估过程中常用的数据分析方法,主要讨论了威布尔分析、贝叶斯分析、蒙特卡罗仿真和重要性排序等方法。

7.3.1　威布尔分析

瑞典工程师威布尔从 20 世纪 30 年代开始研究轴承寿命,以后又研究结构强度和疲劳等问题。他采用了"链式"模型来解释结构强度和寿命问题。这个模型假设一个结构是由若干小元件(设为 n 个)串联而成,于是可以形象地将结构看成是由 n 个环构成的一条链条,其强度(或寿命)取决于最薄弱环的强度(或寿命)。单个链的强度(或寿命)为一个随机变量,假设各环强度(或寿命)相互独立,分布相同,则求链强度(或寿命)的概率分布就变成求极小值分布问题,由此给出威布尔分布函数。威布尔分布非常重要,理论上其他任何分布都是威布尔分布的特例。SAE ARP5150 将威布尔分布作为一种重要的分析工具进行介绍。

航空工业中经常采用威布尔分析来评估使用中的飞机系统的可靠性系统或组件。它的主要特点是,它把可靠性(或失效的风险)量化为一个产品年龄的函数。这使它针对一些情况而成为一种理想的工具,诸如预测保修成本和建立成本效益好的维修计划。威布尔分析也可以用来帮助理解和量化一个区域显示的潜在安全问题。例如,威布尔分析可以帮助评估是否需要区域召回,如果需要召回的话,合适的召回计划应该是什么。

威布尔分析的结果也能以方程形式呈现为

$$F(t) = 1 - \mathrm{e}^{-(t/\eta)^{\beta}} \tag{7.10}$$

式中:

$F(t)$=年龄 t 之前的失效概率;

η=威布尔特征寿命(尺度参数);

β=威布尔斜率(形状参数);

t=使用寿命(或有使用意义的时间)。

威布尔分布有两个参数,特征寿命和斜率。特征寿命是位置参数,有些类似于正态分布的平均值。斜率是形状参数,有点类似于一个正态分布的标准差。这样与正态分布的类似是有益的,因为它强化了威布尔分析的统计性质,并且这使它能量化预期值和该值的变化。然而,正如在后面部分将讨论的,威布尔分布特点与正态分布截然不同。

通常,编写关于成功概率的威布尔方程更加方便,而不是关于失效的概率。成功的概率,或可靠性,只是(1-失效概率)。以方程形式写出为

$$R(t) = 1 - F(t) \tag{7.11}$$

$$R(t) = e^{-(t/\eta)^{\beta}} \tag{7.12}$$

式中：

$R(t)$＝在年龄 t 时的成功概率＝在年龄 t 时的可靠性。

下面描述一些威布尔分析的多处应用。

1. 评估达到一个预先设定的目标的概率(即知道时间求概率)

一个威布尔图或威布尔方程可以直接用来评估一个产品达到预先设定的寿命目标的概率。例如，假设一个产品的可靠性可由威布尔分布进行建模，其中特征寿命为 15 000 h，斜率为 1.5。如果产品的保修期为 8 000 h，则可以使用方程(7.10)计算产品在保修期内的失效概率。

对于这个例子，$\eta = 15\,000, \beta = 1.5, t = 8\,000$ h。把这些值代入到上面的方程中，得到

$$F(t) = 1 - e^{-(8\,000/15\,000)^{1.5}} = 0.3\,226 \tag{7.13}$$

之后结论就是，32.26%的产品将在 8 000 h 的保修期内失效。或者，从积极的角度来看，67.74%(即 100%－32.26%)的产品会成功使用到 8 000 h 的保修期结束。

2. 评估对应于一个特定的风险水平的使用寿命(即知道概率求时间)

可以重新整理威布尔方程式(7.11)，以求得 t，使用寿命。

$$F(t) = 1 - e^{-(t/\eta)^{\beta}}$$
$$e^{-(t/\eta)^{\beta}} = 1 - F(t)$$
$$-(t/\eta)^{\beta} = \ln[1 - F(t)]$$
$$(t/\eta)^{\beta} = -\ln[1 - F(t)]$$
$$t/\eta = \{-\ln[1 - F(t)]\}^{1/\beta}$$
$$t = \eta\{-\ln[1 - F(t)]\}^{1/\beta} \tag{7.14}$$

为了说明公式(7.14)的一个简单应用，假设可以通过一个威布尔分布来对一个产品的可靠性进行建模，其中特征寿命＝5 000 h，斜率为 0.9。在什么年龄(即使用寿命)，50%的产品已经发生失效？

对于这个例子，$\eta = 5\,000, \beta = 0.9, F(t) = 0.5$。把这些值代入到上面的公式(7.14)中，得到

$$t = 5\,000[-\ln(1 - 0.5)]^{1/0.9}$$
$$t = 3\,327 \text{ h} \tag{7.15}$$

通过这个计算，就可以得出结论，即 50%的产品将会在 3 327 h 之前发生失效，并且 50%的产品能在过去的那段时间继续使用。

3. 识别"老化"效应(即形状参数的重要性)

威布尔分析最有用的特征之一就是可以直接识别产品的"老化"特征。基于威布尔斜率的值，它可以直接推断产品的可靠性是否随着年龄的增长而降低，还是随着年

龄的增长保持常数,或者随着年龄的增长而改善。进一步的解释见表 7.6 所列。

表 7.6　β(斜率)和老化特征

β>1	可靠性随年龄的增长而下降,故障率渐增, 如磨损、疲劳
β<1	可靠性随着年龄的增长而提高,故障率渐减, 如早期故障率、老化
β=1	可靠性随着年龄的增长而保持常数,常数故障率, 如随机故障

　　在选择一个维修计划或召回计划时,确定一个产品的"老化"特征是非常有用的。例如,如果斜率等于 1,可以推断出,没有必要建立一个固定的组件替换年龄。因为,在这种情况下,故障的风险保持不变(独立于时间),"新"替换零件会与被替换的零件有完全相同的故障风险。如果斜率小于 1,这是一种特殊的情况,旧零件比新零件(如错误的装配)更可靠。所以,这将不利于建立一个固定的零件替换计划表。另一方面,如果斜率大于 1,更新的零件比旧的零件更加可靠。所以,根据一个常规的计划表来以新零件替换旧零件是有利的(当然,成本效益的大小取决于新零件对旧零件可靠性改进的大小,而且零件和劳动力的成本也会影响该替换)。

　　① 对于斜率>1 的解释表明,可靠性对年龄增长而降低(即代入数据去验证)。为了进一步说明威布尔分析的这一重要特征,接下来的段落将提供一个"证据",即斜率大于 1 就是渐增的故障风险的直接表示。

　　假设可以通过威布尔分布对一个组件的可靠性进行建模,其中特征寿命为 1 000 h,斜率为 1.2。下面的计算将对区间 0~500 h 的组件可靠性和 500~1 000 h 相等长度时间内的可靠性进行比较。

　　根据威布尔方程式(7.12),为之后的使用,计算 $t=500$ h 和 $t=1\,000$ h 的 $R(t)$。

$$R(t=500 \text{ h})=\mathrm{e}^{-(500/1\,000)^{1.2}}=0.647 \tag{7.16}$$

$$R(t=1\,000 \text{ h})=\mathrm{e}^{-(1\,000/1\,000)^{1.2}}=0.368 \tag{7.17}$$

　　$R(t)$ 值代表累积概率。一个单独的单元从 0~500 h 可继续使用的概率是 0.647。一个单独的单元从 0~1 000 h 可继续使用的概率是 0.368。然而,对于这个"证据"特定的兴趣,是组件从 $t=500$ h~$t=1\,000$ h 仍可继续使用的概率。可以使用条件概率计算它,使用下面标准的概率表达式:

$$P_{\mathrm{r}}(\mathrm{A} \mid \mathrm{B})=P_{\mathrm{r}}(\mathrm{A})/P_{\mathrm{r}}(\mathrm{B}) \tag{7.18}$$

　　这个表达式用文字表达就是,在事件 B 已经发生的情况下事件 A 发生的概率,就等于事件 A 的概率除以事件 B 的概率。对于这个例子,事件 B 是"组件到 500 h 仍可继续使用",事件 A 是"组件到 1 000 h 仍可继续使用"。在"组件到 500 h 仍可继续使用"的前提下,我们想要计算"组件到 1 000 h 仍可继续使用"的概率(这只是一个更加"数学的"方式来声明,我们想要计算组件从 500 h 到 1 000 h 仍可继续使用的概率)。使用公式(7.18),可得

P_r("组件到 1 000 h 仍可继续使用" | "组件到 500 h 仍可继续使用")

$= P_r$("组件到 1 000 h 仍继续使用")$/ P_r$("组件到 500 h 仍继续使用")

$= R(t = 1\ 000\ h) / R(t = 500\ h)$ (7.19)

$= 0.368/0.647$

$= 0.569$

所以,可以在一个使用到 500 h 的新组件和一个已使用了 500 h 的组件继续使用至 1 000 h 之间作比较。对于新组件,继续使用到 500 h 的概率是 $R(t = 500\ h)$,或 0.647。对于已使用了 500 h 的组件,再继续使用 500 h 的概率,即继续使用到 1 000 h 的概率是 0.569。因此,可以得出结论,旧的组件可靠性低于新组件。这是斜率大于 1 的所有威布尔分布的一个特征。

② 对于斜率=1 的解释表明,可靠性随着年龄增加而保持常数(即代入数据去验证)。随着针对斜率值对组件"老化"特征的影响能力的进一步说明,考虑斜率正好等于 1 的一个例子。回想之前的分析,针对这种情况,一个旧的组件和一个新的组件有相同的可靠性。如果特征寿命是 1 000 h,斜率是 1,可以使用公式(7.12):

$$R(t = 500\ h) = e^{-(500/1\ 000)^{1.0}} = 0.606\ 5 \tag{7.20}$$

$$R(t = 1\ 000\ h) = e^{-(1\ 000/1\ 000)^{1.0}} = 0.367\ 9 \tag{7.21}$$

使用之前描述的条件概率(公式 7.18)来计算这个组件从 500 h 继续使用到 1 000 h 的概率。

$$R(从 t = 500 \sim 1\ 000\ h)$$
$$= R(t = 1\ 000\ h) / R(t = 500\ h)$$
$$= 0.367\ 9/0.606\ 5$$
$$= 0.606\ 5 \tag{7.22}$$

所以,我们可以得出结论,一个新零件使用至 500 h 的概率为 0.606 5,一个已使用了 500 h 的零件继续使用 500 h,即使用到 1 000 h 的概率为 0.606 5。这说明,当威布尔斜率等于 1 时,可靠性随着年龄的增加而保持为常数。

③ 对于斜率<1 的解释表明,可靠性随着年龄增加而提高(同理代数去验证)。可以做一个类似于上面的演示,以阐明一个小于 1 的威布尔斜率转换成一个早期故障的情况,早期故障期中,随着组件使用时间的累积,可靠性随之提高。这留给读者作练习使用。

④ 评估延长的保修期的影响。威布尔分析的结果可以用来评估延长产品保修期的影响。为阐明,假设一个涡轮发动机的可靠性可以通过威布尔分布进行建模,特征寿命为 10 000 h,斜率为 0.8。当前的保修期是 5 000 h,并且提议延长这个保修期到 8 000 h。从威布尔方程公式(7.12)可知,生存概率是:

$$R(t)=\mathrm{e}^{-(t/\eta)^{\beta}} \tag{7.23}$$

因此,$t=5\,000$ h 和 $t=8\,000$ h 的 $R(t)$分别为:

$$R(t=5\,000\ \mathrm{h})=\mathrm{e}^{-(5\,000/10\,000)^{0.8}}=0.563 \tag{7.24}$$

$$R(t=8\,000\ \mathrm{h})=\mathrm{e}^{-(8\,000/1\,000)^{1.0}}=0.433 \tag{7.25}$$

使用之前描述的条件概率公式(7.18)来计算这个涡轮发动机从 5 000~8 000 h 仍可继续使用的概率。

$$
\begin{aligned}
R&(\text{从 } t=5\,000 \sim 8\,000\ \mathrm{h})\\
&=R(t=8\,000\ \mathrm{h})/R(t=5\,000\ \mathrm{h})\\
&=0.433/0.563\\
&=0.769
\end{aligned} \tag{7.26}
$$

因此,在当前保修期内发生故障的概率是:

$$P_{\mathrm{f}}(t=0,t=5\,000\ \mathrm{h})=1-0.563=0.437 \tag{7.27}$$

在提议延长的保修期内发生故障的概率是:

$$P_{\mathrm{f}}(t=5\,000\ \mathrm{h},t=8\,000\ \mathrm{h})=1-0.769=0.231 \tag{7.28}$$

可以计算一个保修成本因素:

$$\text{保修成本因素}=(B+A)/B(5) \tag{7.29}$$

式中:

$B=$基线失效概率(在当前保修内);

$A=$额外的失效概率(在延长的保修期内)。

对于这个示例,保修成本系数为:

$$\text{保修成本系数}=(0.437+0.231)/0.437=1.53 \tag{7.30}$$

可以得出结论,如果保修期范围从 5 000 h 延长到 8 000 h,保修成本将增加大约 53%。

⑤ 评估延长的计划维修期的影响。威布尔分析的结果也可以用来判断延长的计划维修期的影响。例如,假设一个燃气涡轮发动机目前是根据计划的 1 500 h 的大修间隔时间(TBO)来进行维修的。建议 TBO 时间延长至 1 750 h。

为了一个公平的比较,针对使用的基线 1 750 h,可以比较这两个替代选择。当前的大修间隔时间为 1 500 h,这意味着一个引擎会先完成 1 500 h 的使用任务,然后被大修并重新投入使用额外增加的 250 h。这意味着,实际上对于从 1 500~1 750 h 的使用时间,现行使用的是一个"新"(即大修过的)引擎。根据建议的 1 750 h 的大修间隔时间,发动机将在整个 1 750 h 间隔内持续投入使用。这意味着,实际上对于从 1 500~1 750 h 的使用时间,将使用的是一个"使用过的"引擎,即一个已经使用了 1 500 h 的引擎。

对于这个示例,假设涡轮发动机的可靠性可以通过威布尔分布进行建模,特征寿命为 3 000 h,斜率为 1.2。根据威布尔方程式(7.12),计算 $t=250$ h,$t=1\,500$ h,和

$t = 1\ 750$ h 的 $R(t)$：

$$R(t = 250\ \text{h}) = e^{-(250/3\ 000)^{1.2}} = 0.951 \tag{7.31}$$

$$R(t = 1\ 500\ \text{h}) = e^{-(1\ 500/3\ 000)^{1.2}} = 0.647 \tag{7.32}$$

$$R(t = 1\ 750\ \text{h}) = e^{-(1\ 750/3\ 000)^{1.2}} = 0.592 \tag{7.33}$$

对于当前 1 500 h 的大修间隔时间，为了完成 1 750 h（与基线对照）的飞行任务，一个引擎必须完成两个使用阶段。首先，发动机必须从 $t = 0$ h 运转至 $t = 1\ 500$ h。接下来，发动机必须从 $t = 0$ h 运转到 $t = 250$ h。发动机在这两个使用阶段中，都可以无故障地继续使用的概率为在每个单独的阶段中继续使用的概率的乘积。

$$
\begin{aligned}
R(t &= 0 \sim 1\ 500\ \text{h}, t = 0 \sim 250\ \text{h}) \\
&= R(t = 1\ 500\ \text{h}) \times R(t = 250\ \text{h}) \\
&= 0.647 \times 0.951 \\
&= 0.615
\end{aligned} \tag{7.34}
$$

对于建议的 1 750 h 的大修间隔时间，一个引擎在一个使用间隔内完成了 1 750 h 的基线时间段。在这个使用间隔内继续使用的概率是：

$$R(t = 0 \sim 1\ 750\ \text{h}) = 0.592 \tag{7.35}$$

一个"TBO 延长的风险系数"可以计算为，故障概率，即针对建议的 TBO 周期的故障概率除以针对目前 TBO 周期的故障概率的比值。

$$
\begin{aligned}
\text{风险系数} &= \frac{1 - R(t = 0 \sim 1\ 750\ \text{h})}{1 - R(t = 0 \sim 1\ 500\ \text{h}, t = 0 \sim 250\ \text{h})} \\
&= \frac{1 - 0.592}{1 - 0.615} \\
&= 1.060
\end{aligned} \tag{7.36}
$$

它可以得出结论，大修间隔时间的延长会增加约 6% 的现场故障率。

⑥ 评估纠正一个特定的观察到的失效模式的好处。威布尔分析也可以用来评估纠正一个特定的观察到的失效模式的好处。作为一个例子，考虑一个拥有十个涡轮发动机的机队一直运营至每个发动机都出现失效。失效的细节都列在表 7.7 中。

表 7.7　发动机失效数据示例

使用时间/h	状　态	失效项目
410	失效	♯ 1 轴承
1 820	失效	1st Stg 涡轮叶片
2 090	失效	1st Stg 涡轮叶片
220	失效	♯1 轴承
1 560	失效	♯4 轴承
900	失效	进气道护罩
1 400	失效	2nd Stg 压缩机叶片

续表 7.7

使用时间/h	状　态	失效项目
760	失效	S7 实验室密封
1 250	失效	清油管
2 200	失效	1st Stg 涡轮叶片

基于此使用数据,一个威布尔分析表明,可使用特征寿命为 1 430 h、斜率为 2.24 的威布尔分布对发动机可靠性进行建模。

现在,假设一个设计改进可用来纠正一个观测到的失效模式。具体来说,设计改进纠正了一个导致两个♯1 轴承失效的高负载情况。威布尔分析可以重复,这时将♯1 轴承失效分配到这两个发动机,这将会成功。因此,数据集现在由八个失效和两个成功组成,而不是十个失效。现在的威布尔分析表明,发动机可靠性可由特征寿命为 1 680 h、斜率为 2.99 的威布尔分布进行建模。图 7.11 提供了一个图解比较。

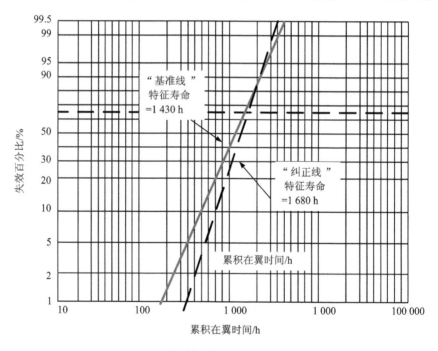

图 7.11　对于纠正的发动机比较的基准线

7.3.2　贝叶斯分析

贝叶斯方法是基于贝叶斯定理而发展起来用于系统地阐述和解决统计问题的方法。一个完全的贝叶斯分析包括数据分析、概率模型的构造、先验信息和效应函数的假设以及最后的决策。

1. 客观贝叶斯分析(Objective Bayesian Analysis)

将贝叶斯分析当作主观的理论是一种普遍的观点,但这无论是在历史上,还是在实际中都不是非常准确的。第一个贝叶斯学家,贝叶斯学派的创始人托马斯·贝斯和拉普莱斯进行贝叶斯分析时,对未知参数使用常数先验分布。事实上,在统计学的发展中,这种被称为"逆概率"(Inverse Probability)的方法在 19 世纪非常具有代表性,而且对 19 世纪初的统计学产生了巨大的影响。对使用常数先验分布的批评,使得杰弗里斯(Jeffreys)对贝叶斯理论进行了具有非常重大意义的改进。伯杰(Berger,1999)认为,大多数贝叶斯应用研究学者都受过拉普莱斯·杰弗里斯(Laplace-Jefferys)贝叶斯分析客观学派的影响,当然在具体应用上也可能会对其进行现代意义下的改进。

许多贝叶斯学者的目的是想给自己贴上"客观贝叶斯"的标签,这种将经典统计分析方法当作真正客观的观点是不正确的。对此,伯杰(1999)认为,虽然在哲学层面上同意上述观点,但他觉得这里还包含很多实践和社会学中的原因,使得人们不得已使用这个标签。他强调,统计学家们应该克服那种用一些吸引人的名字来对自己所做的工作大加赞赏的不良习惯。

客观贝叶斯学派的主要内容是使用无信息先验分布(Noninformative or Default Prior Distribution)。其中大多数又是使用杰弗里斯先验分布。最大的先验分布(Maximumentropy Priors)是另一种常用的无信息先验分布(虽然客观贝叶斯学派也常常使用一些待分析总体的已知信息,如均值或方差等)。在最近的统计文献中经常强调的是参照先验分布(Reference Priors)(Bernardo, 1979;Yang and Bergen, 1997),这种先验分布无论从贝叶斯的观点,还是从非贝叶斯的观点进行评判,都取得了显著的成功。

客观贝叶斯学派研究的另一个完全不同的领域是研究对"默认"模型(Default Model)的选择和假设检验。这个领域有着许多成功的进展(Berger,1999),而且,当对一些问题优先选择默认模型时,还有许多值得进一步探讨的问题。

经常使用非正常先验分布(Improper Prior Distribution)也是客观贝叶斯学派面临的主要问题,这不能满足贝叶斯分析所要求的一致性(Coherency)。同样,一个选择不适当的非正常先验分布可能会导致一个非正常的后验分布,这就要求贝叶斯分析过程中特别要对此类问题加以重视,以避免上述问题的产生。同样,客观贝叶斯学派也经常从非贝叶斯的角度进行分析,而且得出的结果也非常有效。

2. 主观贝叶斯分析(Subjective Bayesian Analysis)

虽然在传统贝叶斯学者的眼里看起来比较"新潮",但是,主观贝叶斯分析已被当今许多贝叶斯分析研究人员普遍接受,他们认为这是贝叶斯统计理论的"灵魂"(Soul)。不可否认,这在哲学意义上非常具有说服力。一些统计学家可能会提出异议并加以反对,他们认为当需要主观信息(模型和主观先验分布)的加入时,就必须对这些主观信息完全并且精确地加以确定。这种"完全精确地确定"的不足之处是这种方法在应用上的局限性(Statistician,1998)。

有很多问题,使用主观贝叶斯先验分布信息是非常必要的,而且也容易被其他人所接受。对这些问题使用主观贝叶斯分析可以获得令人惊奇的结论。即使当研究某些问题时,如使用完全的主观分析不可行,那么同时使用部分的主观先验信息和部分的客观先验信息对问题进行分析,这种明智的选择经常可以取得很好的结果(Andrews,Berger and Smith,1993)。

3. 稳健贝叶斯分析(Robust Bayesian Analysis)

稳健贝叶斯分析研究者认为,不可能对模型和先验分布进行完全的主观设定,即使在最简单的情况下,完全主观设定也必须包含一个无穷数。稳健贝叶斯的思想是构建模型与先验分布的集合,所有分析在这个集合框架内进行,当对未知参数进行多次推导(Elicitation)之后,这个集合仍然可以反映此未知参数的基本性质。

关于稳健贝叶斯分析基础的争论是引人注目的(Kadane,1984;Walley,1991),关于稳健贝叶斯分析最新进展的文献可参见伯杰(Bergen,1985,1994,1996)的研究。通常的稳健贝叶斯分析的实际运用需要相应的软件。

4. 频率贝叶斯分析(Frequentist Bayesian Analysis)

统计学存在许多不断争议的学科基础。这种情况还会持续多久,现在很难想象。假设必须建立一个统一的统计学学科基础,它应该是什么呢?今天,越来越多的统计学家不得不面对将贝叶斯思想和频率思想相互混合,成为一个统一体的统计学学科基础的事实。

伯杰从三个方面谈了他个人的观点。第一,统计学的语言(Language of Statistics)应该是贝叶斯的语言。统计学是对不确定性进行测度的科学。50多年的实践表明(当然不是令人信服的严格论证):在讨论不确定性时统一的语言就是贝叶斯语言。另外,贝叶斯语言在很多情况下不会产生歧义,比经典统计语言更容易理解。贝叶斯语言既可对主观的统计学进行分析,又可以对客观的统计学进行分析。第二,从方法论角度来看,对参数问题的求解,贝叶斯分析具有明显的方法论上的优势。当然,频率的概念也是非常有用的,特别是在确定一个好的客观贝叶斯过程方面。第三,从频率学派的观点看来,基础统一应该是必然的。我们早就认识到贝叶斯方法是"最优"的非条件频率方法(Berger,1985),现在从条件频率方法的角度也产生了许多表明以上结论正确的依据。

5. 拟(准)贝叶斯分析(Quasi Bayesian Analysis)

有一种目前不断在文献中出现的贝叶斯分析类型,它既不属于"纯"贝叶斯分析,也不同于非贝叶斯分析。在这种类型中,各种各样的先验分布的选取具有许多特别的形式,包括选择不完全确定的先验分布(Vague Proper Priors);选择先验分布似然函数的范围进行"扩展"(Span);对参数不断进行调整,从而选择合适的先验分布,使得结论看起来非常完美。伯杰称之为拟(准)贝叶斯分析,因为虽然它包含了贝叶斯的思想,但它并没有完全遵守主观贝叶斯或客观贝叶斯在论证过程中的规范要求。

拟(准)贝叶斯方法,伴随着 MCMC 方法的发展,已经被证明是一种非常有效的方法,这种方法可以在使用过程中不断产生新的数据和知识。虽然拟(准)贝叶斯方法还存在许多不足,但拟(准)贝叶斯方法非常容易创造出一些全新的分析过程,这种分析过程可以非常灵活地对数据进行分析,这种分析过程应该加以鼓励。对这种分析方法的评判,不必按照贝叶斯内在的标准去衡量,而应使用其他外在的标准去判别(例如敏感性、模拟精度等)。

7.3.3　蒙特卡罗仿真

1. 介　绍

蒙特卡罗仿真在分析本质上是概率性问题的一个通用的方法。分析包括定义被研究系统的一个数学模型,并且为了观察系统输出的范围而反复运算模型。该模型一般包括几个概率性的输入参数,其中参数值由概率分布定义。该模型还定义了这些输入参数是如何相互组合以及与非概率性的参数组合,从而产生特定的潜在的系统的结果。

输入的航空安全模型可能包括故障模式的故障分布、可靠性、故障监控和调节规定,安排定期检查和维修间隔,维护操作的有效性,预期飞行条件的范围等等。虽然蒙特卡罗模拟的输出格式通常是根据分析的具体问题进行制定,一个典型的结果是预测在接下来的一年、五年,或直到机队退休的危险事件的数量。

对于机队的问题需要纠正措施,蒙特卡罗方法可以用来帮助判断提出纠正措施和实施各种安排的可接受性。纠正措施的输入可能会提出改变设备设计、修改检查或维护时间表,约束飞行条件等。同样,可能建立实现进度变化的模型来判断各种加速时间表的好处。判断和实施纠正措施计划的有效性,蒙特卡罗输出(如数量的有害事件)是经典的分析方法。

蒙特卡罗模拟是一个随机技术,也就是说,结果是一个概率函数的输入。仿真通常涉及系统操作的数百、数千甚至数百万的“试验”。用概率 10^{-9} 分析事件需要数十亿次的试验。对于每次试验,一个特定的值对于每个输入参数是从特定概率函数的参数随机选取的。通过一个随机数发生器每个输入值是“随机”选择的,它包括大多数计算机编程语言或数学建模软件包。

一个单一的蒙特卡罗“试验”类似于执行一个测试和分析师负责运行足够的“试验”来获得对仿真结果所需的信心。蒙特卡罗的优势在分析方法,如故障树和马尔可夫,是可以被建模的更复杂的系统行为。然而,对于那些系统故障树和马尔可夫是足够的,在一个较小的时间量它们将提供更准确的回答。

2. 蒙特卡罗仿真的元素

用蒙特卡罗仿真分析一个问题涉及如下所述的几个步骤。

① 定义要被分析的问题。

② 识别导致或影响问题的参数。

③ 对于每个输入参数定义一个数学表达式。用一个概率分布定义每个概率输入参数。用简单的数学方程式如"组件退休年龄＝10 000 h"定义非概率输入参数（即确定性参数）。

④ 开发流程图来描述输出事件(问题)和输入参数之间的关系。

⑤ 定义仿真期望得到的输出的内容和格式。

⑥ 开发一个对应系统流程图和概括结果所需的格式的计算机程序,或者建立一个模型来模拟仿真程序。

⑦ 操作计算机程序,获得结果,传达结果给个人并负责进一步的行动。

7.3.4　重要度排序

1. 重要度定义及意义

自 20 世纪 50 年代可靠性理论及工程诞生以来,可靠性已经发展成一门重要的学科,贯穿于系统的设计、制造、运行及维护等全生命周期过程。重要度理论是可靠性理论的重要分支,是可靠性工程的基础理论之一,其伴随着可靠性理论及工程的发展而得到了长足的进步。重要度是指系统中单个或多个组(部)件失效或状态改变时,其对系统可靠性的影响程度,它是组(部)件可靠性参数和系统结构的函数。在系统设计阶段,重要度计算结果用来帮助设计人员识别系统薄弱环节,为整个系统的可靠性提升和优化设计提供支撑依据;在系统运行阶段,重要度分析用于合理分配检测和维修资源,从而保证最重要的系统单元能够正常运行。

2. 重要度计算方法发展过程及其分类

自 1969 年 Birnbaum 提出重要度概念以来,随着可靠性理论及工程的进步,重要度理论得到了长足的发展,并在航空、航天、汽车、核能、装备等大型系统的可靠性分析、安全性分析、风险评估领域得到了广泛应用。传统重要度理论主要在假设系统组(部)件相互独立的条件下,基于系统结构、组(部)件可靠性和寿命分布,评估组(部)件状态或性能变化对系统可靠性的影响程度。目前,重要度按照计算过程所需的信息不同,分为结构重要度(Structure Importance Measure)、可靠性重要度(Reliability Importance)及寿命重要度(Lifetime Importance Measure)三类。结构重要度计算仅需要组(部)件在系统中的位置信息,可靠性重要度计算需要系统结构函数和组(部)件的可靠性两个方面的信息,寿命重要度计算需要组(部)件在系统中的位置信息以及组(部)件寿命分布信息。随着科技的发展和社会的需求,结构重要度、可靠性重要度和寿命重要度从基本的二态系统发展到了多态系统、从单组(部)件计算发展到了多组(部)件计算的范畴。由于多态系统重要度理论是基于二态系统重要度理论发展而来,下面重点论述和分析二态系统的可靠性重要度、结构重要度和寿命重要度计算方法及其局限性。

可靠性重要度计算方法是在已知组(部)件可靠性的条件下,评估某一组(部)件可靠性变化对系统可靠性的影响程度,系统组(部)件可靠性重要度是系统可靠性方程对组(部)件可靠性求偏导的结果。可靠性重要度主要依据系统结构函数和系统组(部)件可靠性,在不考虑系统和组(部)件的时间变化条件下,对组(部)件重要度进行计算,主要包括六种计算方法:① Birnbaum 可靠性重要度是可靠性重要度理论奠基性成果,可以演化成潜在提升重要度(Improvement Potential Importance)与风险提升重要度(Risk Achievement Importance),它是其他可靠性重要度的基础。② 贝叶斯可靠性重要度(Bayesian Reliability Importance)主要在系统失效条件下,评估组(部)件失效的概率,主要用来找出最有可能导致系统失效的"脆弱"组(部)件。③ 关键可靠性重要度(Criticality Reliability Importance)用来衡量系统关键组(部)件的失效对系统失效的影响程度,它主要被应用在识别故障树中影响顶端事件发生的关键组(部)件。④ 冗余可靠性重要度(Redundancy Reliability Importance Measure)用于计算系统冗余组(部)件激活对系统可靠性的提升程度,其取值与组(部)件的可靠性重要度、组(部)件的可靠性以及系统冗余组(部)件的可靠性相关,主要用来衡量与冗余组(部)件相对应的组(部)件在系统中的地位。⑤ F-V 可靠性重要度是 Fussell 和 Vesely 提出的一种基于最小割集的重要度分析方法,主要用来评估系统某一组(部)件最小割集中至少有一个最小割集失效对系统失效的影响程度。⑥ 风险增加当量(Risk Achievement Worth,RAW)主要衡量组(部)件维持系统当前可靠性水平的重要程度;风险减少当量(Risk Reduction Worth,RRW)主要用于分析系统某一组(部)件失效判断错误或者由某一外部因素造成某一组(部)件失效条件下替换该组(部)件对系统当前可靠性水平的影响程度。

　　结构重要度计算方法是从系统拓扑结构角度评估系统组(部)件对系统整体结构的影响程度,主要评估组(部)件在系统结构中的位置重要性。Birnbaum 结构重要度计算方法为:在未知系统组(部)件可靠性的条件下,某一组(部)件关键路向量数目占系统其余所有组(部)件状态组合数目的比值。除了 Birnbaum 结构重要度外,结构重要度主要的贡献成果有:1975 年,Barlow 和 Proschan 提出了一种 BP 结构重要度计算方法,主要计算在系统组(部)件可靠性未知情况下,当所有系统组(部)件在 0~1 之间取相同的可靠性值时,某一系统组(部)件可靠性值在 0~1 之间连续变化对系统可靠性的影响程度;1977 年,Butler 给出了一种不考虑系统组(部)件可靠性的割(路)集重要度分析方法,该重要度与组(部)件的最小割(路)集的最小阶数成反比,与组(部)件的最小阶的最小割(路)集的个数成正比,主要用来分析组(部)件最小割(路)集对系统可靠性的影响程度;F-V 结构重要度是 F-V 可靠性重要度的一个特例,它的计算方法是将 F-V 可靠性重要度计算公式中的组(部)件可靠性值取 0.5;1999 年,Lin、Kuo 和 Hwang 提出了面向连续 N 中选 K 系统的结构重要度计算方法。

　　寿命重要度计算方法是在可靠性重要度的基础上,考虑了系统结构函数和系统组(部)件可靠性或性能随时间变化的因素,重点评估了组(部)件寿命周期内可靠性或性能变化过程对系统性能的影响程度。寿命重要度计算方法是将可靠性重要度计算公式中的组(部)件可靠性值(常数)用组(部)件寿命内可靠性概率分布代替。随着可靠性重要度理论的发展,国内外学者也先后提出了 Birnbaum 寿命重要度、贝叶斯寿命重要度、关键寿命重要度、冗余寿命重要度、F‐V 寿命重要度等研究成果,为重要度理论从二态系统发展到多态系统提供了必要支撑条件。

另外,在决策过程中往往需要同时考虑多个组(部)件可靠性或性能变化对系统性能的影响,即成组重要度计算方法(Importance Measure of Pairs and Groups of Components),主要包括联合重要度(Joint Importance Measure)和微分重要度(Differential Importance Measure)。联合重要度主要在组(部)件互相独立的条件下,计算两个或两个以上组(部)件可靠性或性能变化对系统性能的影响程度,是系统可靠性方程对两个或两个以上组(部)件可靠性求偏导的结果;微分重要度是多个组(部)件可靠性同时变化,引起系统性能变化值占由于所有组(部)件可靠性变化引起系统性能变化总和的比例。

具有有限数量性能等级特征的系统被称为多态系统。由于多态系统能够更为科学地刻画实际系统的真实变化过程及其规律,近年来,国内外学者基于上述二态系统重要度计算方法和系统效能函数对多态系统重要度理论进行了重点研究,主要分为两类:一类是,结合多态系统模型的特征将现有的二态系统重要度扩展为多态系统重要度,使其更具有普遍性,并适应于复杂系统的应用;另外一类,针对复杂系统新的多阶段、不确定、状态组合等特征和需求,相继提出的多态系统组合重要度(Composite Importance Measure)、基于多态决策图重要度、多阶段任务重要度、组(部)件不确定因素重要度、模糊重要度以及综合重要度等计算方法,并在复杂多态系统的维修决策、风险评估、概率安全评估等领域得到了广泛的应用。

3. 重要度的梯度表示方法及其几何意义

(1) 重要度计算方法的数学本质

重要度的实质对多元函数进行偏微分和全微分计算,重要度的性质也与多元函数的偏微分和全微分一致。因此,不同的重要度的计算公式,其数学本质是多元函数的灵敏度多种不同计算方式。下式表示 Birnbaum 重要度与系统可靠性多元函数灵敏度分析的关系。

$$I_i = \frac{\partial R(p_1, p_2, \cdots, p_n)}{\partial p_i} \tag{7.37}$$

在式(7.37)中,p_i 表示组(部)件 i 的可靠性,I_i 表示组(部)件 i 的 Birnbaum 重要度,系统可靠性函数 $R(p_1, p_2, \cdots, p_n)$ 是关于参数 $p_1, p_2, \cdots, p_n$ 的 n 元函数。面向工程问题,关键是如何构建实际系统的多元目标函数,并判断其偏微分及全微分的存在性。

(2) Birnbaum 重要度与梯度的关系及其几何意义

由于重要度与梯度都是基于多元函数微分概念给出的,本书尝试给出了 Birnbaum 重要度的梯度表示方法及其几何意义。

1）梯　度

设 $\Omega\omega\in R^n$ 是一个区域，Ω 中的每个点 $(X_1, X_2, \cdots, X_n)$ 都有一个确定的数值 $f(X_1, X_2, \cdots, X_n)$ 与它对应，则多元函数 $f(X_1, X_2, \cdots, X_n)$ 可以看作是 Ω 上的一个数量场。若 $f(X_1, X_2, \cdots, X_n)$ 在 Ω 上具有连续的偏导数，则梯度 grad f 在 n 维直角坐标系中可以表示为

$$\text{grad } f = f_{x1}x_1 + f_{x2}x_2 + \cdots + f_{xn}x_n \tag{7.38}$$

式中 $f_{x_k}, k=1,2,\cdots,n$ 表示多元函数 $f(X_1, X_2, \cdots, X_n)$ 对参数 x_k 求偏导数，x_k 表示坐标 k，与参数 x_k 对应，并且 $x_k(k=1,2,\cdots,n)$ 两两垂直。

2）Birnbaum 重要度的梯度表示方法及其几何意义

根据式（7.38），Birnbaum 重要度的梯度表示方法如式（7.39）所示。

$$\text{grad } R(P_1, P_2, \cdots, P_n) = I_1 P_1 + I_2 P_2 + \cdots + I_n P_n \tag{7.39}$$

各个组（部）件 Birnbaum 重要度组成的向量形成了梯度 grad $R(P_1, P_2, \cdots, P_n)$，表示系统可靠性在某一点 $(P_1, P_2, \cdots, P_n)$ 增加最快的方向。

4. 重要度未来可能的几个研究方向

重要度是一种多元函数的微分计算方法，其与方向导数和梯度等由多元微分衍生出来的概念存在一定的数学关系。理解和掌握重要度的数学本质，对于探索新的重要度计算方法具有重要意义。重要度未来可能的几个研究方向如下：

① 基于重要度理论与方向导数、梯度的数学关系及几何意义，将重要度计算方法扩展延伸到能量场的评估领域，从重要度的几何意义角度描述能量场的变化特性。

② 基于新的多元非线性方程，通过偏微分和全微分方法，探索新的重要度计算方法，并证明其在简单和复杂系统中的物理意义和相关定理、性质。

③ 基于共因失效、竞争失效等复杂失效模式，研究能够有效描述具有共因失效、竞争失效以及参数相依性等复杂特征的系统重要度计算方法，为复杂系统的可靠性设计等提供简便、有效的数学工具。

④ 重要度理论与博弈论结合，研究基于薄弱环境识别的多方决策理论和方法。

第8章 根原因分析

事件调查是最大限度地全面获取与事故有关的资料和信息的过程,一般包括:调查了解事件的基本情况、现场调查、证据收集等。在掌握事件的基本情况的基础上,对顶事件通往根原因的路径进行综合分析,找出最有可能导致顶事件发生的原因,识别不安全因素和事件致因因素。对一个事件根原因的分析应考虑到:

① 原始设计和设计目的;
② 产品或者功能的使用如何超出原始设计目标;
③ 制造方面;
④ 相对于其规定用途的产品或者功能特定使用;
⑤ 产品或者功能的维护;
⑥ 系统的复杂性;
⑦ 相关的工序和培训;
⑧ 手册和工序的清晰度/准确性;
⑨ 其他适当的考虑因素。

事件调查过程中,通过分析查证和专项试验,收集支持或否定的证据,评估导致顶事件发生的可能的根原因。

分析查证是在掌握基本事实资料的基础上,汇总、梳理、分析、研究收集到的各种数据、资料和有关情况;找出所有异常、偏离或违反技术标准文件及管理规定的现象,提出疑点,排列线索,采取理论计算、对比分析、技术鉴定、演绎推理和模拟验证等方法对各种疑点进行排查,分析这些可能的原因是否与顶事件有关联,然后确定进一步的研究方向,缩小调查范围的过程。

对于分析查证中尚存的疑点或是尚需证实的信息,需要在整理分析数据、资料和相关情况的基础上进行必要的专项试验验证,以进一步取得更加充分的证据,为事件原因分析提供完整依据。专项试验项目通常包括:飞行数据验证分析、飞行模拟、仿真再现、失效分析、非易失性存储器(NVM)数据分析、机载设备测试、航空器系统检测、航空器性能验证、雷达数据验证分析等。

在对事件原因进行分析的基础上,以事实为依据,简明扼要地表述根原因是怎样发展而导致顶事件的发生。调查结论的表述通常包含异常情况出现的时机、现象,顶事件发生的原因和导致的结果。

安全建议是指在调查过程中发现对事件发生有重要影响的问题以及虽无影响但对安全构成威胁的隐患而提出的改进意见和纠正措施。提出安全建议是事件调查的重要组成部分。安全建议可以起到防止相同原因事件发生和预防、警示其他原因事件发生的目的。

　　调查报告是调查组以书面的形式就事件发生的过程、基本事实情况、原因分析、调查结论认定,以及针对存在的问题、隐患提出安全方面的建议所进行的全面的叙述和论证。调查报告不仅对事件发生的过程进行全面的描述,还要详细地涵盖调查所有的相关问题。不仅对事件产生的原因要进行全面、深入、科学、细致的分析,还要对调查结论进行准确或者恰如其分的阐述,更重要的是针对该起事件提出针对性较强,具有更广泛现实和深远意义的安全建议。

　　根原因分析(RCA)是事件调查中的一个重要方法,是一个以有序、彻底的方法来证实失效的潜在根原因的方法,它提供了调查流程的完整记录。根原因分析方法采用事件树分析,事件树基于定性的故障树分析,但它不采用逻辑门分析,只显示事件的因果关系。应该独立或联合评估那些可能导致失效的几个潜在的根原因。潜在的根原因包括设计缺陷、机组差错、维护人员差错、操作手册缺陷等。最终事件树和根原因分析流程文件记录并具有可溯性,可保证失效调查的彻底性。

8.1　事件树分析法

　　事件树分析法是一种有条理的、彻底的潜在失效原因分析方法,该方法提供调查过程的全部论证。事件树分析方法基于故障树的定性分析,但只显示了事件无逻辑门的因果关系。几个可能导致失效的潜在根原因都可以独立或组合评估。潜在的根源问题包括设计缺陷、机组错误、维护技术员错误、操作手册不足等。最终的事件树和根原因分配过程提供证明和可追溯性,确保故障的彻底调查。

　　故障调查是系统开发必不可少的工具。当发生故障时,需要成立一个调查小组来确定故障原因并提出改进建议。调查优先级的分配取决于故障发生的频率和故障后果的严重程度。在调查过程中,必须明确故障发生时的情况、故障是如何发生的、如何降低故障发生频率或严重性。在可能导致潜在灾难性事件的故障情况下,这些答案必须快速找到,并采取行动来阻止类似事件发生。在过去,通常使用快速修复方法,即基于一个单一的最可靠的方案快速确定故障原因,通过测试证明导致失效的可能事件,提出并论证解决方案。然而,由于这种快速方法不是总能确定故障原因,即使实施了行动,出现故障的情况也时有发生。因此需要开始另一个循环,通常比之前的调查更紧迫、更专注。这种方法因为对单一的问题执行多个调查和行动花费了过多的时间和金钱,同时也损害了公司的声誉和信誉。

　　一个类似故障树的方法可用于故障调查,故障树的顶事件是非理想事件(也就是调查中的故障)。相较于快速修复法,故障树的主要优势是调查和论证所有可能的原因,直到有一个或多个根原因被识别和确认为主要的故障原因。这样,可以解决多个问题,彻底解决故障的可能性变大。这种方法保证了失效机理的深入分析,分析人员可以确信已经进行了彻底的和有组织的调查。这种方法通过彻底的且有组织的方式进行调查,从而对失效原因进行了深入彻底的分析。

8.2　事件因果关系图表法

因果分析图,形状像鱼刺,鱼头为事故,鱼骨为产生事故的原因,所以又称鱼刺分析法。画因果分析图时首先确定结果(即事故),然后从主要原因、次要原因、分支原因层层进行分析,直到基本原因为可以采取措施预防的事件为止,依次用大、中、小箭头标出,如图 8.1 所示。

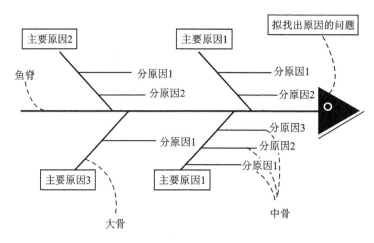

图 8.1　标准鱼骨图

事件因果关系图表可以提供时间线以帮助发现行动原因,这一般是无效或低效的,因为它将事故的条件原因混合在事故的叙述过程里面,所以常常制造复杂的不必要的关系,那样只会增加混乱性而不是使事件更清晰。事件因果关系图表对重要原因进行分类,而不是确定一个给定的事件的各种因果关系。它后来被评价为其他使用相同方法分类方案的备选解决方法。

值得一提的是,事件因果关系图表不遵循因果关系的原则。

8.3　5 - Whys 分析法

许多头脑风暴方法中的一种,也被称为"五个为什么法",它是最简单的根原因分析过程,主要用于确定导致问题的原因由丰田佐吉(1867—1930)即丰田公司的创始人首创。不断追问"为什么"至少五次,或者直到你再也不能回答。通过这个方法,在问完五次"为什么"后,你可能会到达根原因。也就是说,当问"为什么"没有提供更多有用的信息时,根原因就已经确定了。

这种方法产生一个因果关系的线性集合,并通过提问者的经验来确定根原因和相应的解决方法。

"五个为什么法"不适合较为复杂的事件,但实际上,在只需要一些事件的基本探讨的较小问题上它相当有用。它不应该被用于正式的事件调查,但在非正式的讨论上是完全可以接受的。

8.4　阿波罗根原因分析法

阿波罗根原因分析法最早由 Dean L. Gano 在其 1999 年出版的 *Apollo Root Cause Analysis* 一书中正式提出,因用于分析阿波罗 1 号宇宙飞船失火事件而得名。

该法是一个简单的因果过程,即对预定的问题问一个为什么,回答至少两个答案,以动作和条件的形式,然后对每个回答继续追问为什么,直到没有更多的答案。至此,开始对未知原因的探索,重复该过程数次,直到创建出完整的原因和影响图,称为现实图表(Reality Chart),它显示所有已知的原因及其相互关系。

图表上的每一个原因都有证据来支持它的存在或是用"?"来反映未知的原因或风险。然后检查所有的原因来找出一种在你控制范围内的解决方案来改变它们,使之符合你的预期和目标,防止复发并不会导致其他问题。

阿波罗根原因分析法的完整七步曲:

① 明确问题;

② 确定因果关系;

③ 提供图形表示;

④ 提供证据;

⑤ 确定原因足够且必要;

⑥ 确定有效的解决方案;

⑦ 实施和跟踪解决方案。

8.5　变化分析法

这是一个包含六个步骤的过程:

① 描述事件或问题;

② 描述同样条件下没有问题时的情况;

③ 比较两种情况;

④ 记录两种情况之间的差异;

⑤ 分析这些差异;

⑥ 识别这些差异导致的结果。

变化分析的结果识别导致变化的原因,并将经常与时间的流逝联系在一起,所以很容易融入一个事件因果关系图表中,在变化前中后均可展示何时何物的存在。

变化分析几乎都是与另一个 RCA 技术相结合运用,它提供一个特定的原因,但不一定是根本原因。

变化分析是一个很好的工具,它能帮助确定特定的原因或因果关系,但对于给定的事件的因果关系,它并没有提供一个明确的认识。不幸的是,许多使用这种方法的人简单地找出了为什么发生变化,却并没有完成一个全面的分析。

8.6　屏障分析法

这种事件分析识别保护目标受损的屏障,并通过跟踪对目标的有害动作的威胁路径,分析事件以观察屏障是否失效或在某种情景下屈服。

一个简单的例子,刀在刀鞘中。刀就是威胁,刀鞘是屏障,目标是人体。如果刀鞘在某种情况下失效,那么人体就会受伤害,屏障分析会试图找出刀鞘失效的原因。造成失效的原因会被标识为根原因。

屏障分析可以提供一个极好的工具,用于确定从哪里开始你的根原因分析,但它不是一个有效的解决问题的方法,因为它不确定为什么屏障失效。这超出了屏障分析的范围。要确定根原因,屏障分析的结果必须被馈送到一个有明确准则可依的方法,以发现为什么屏障失效。屏障分析法的步骤如图 8.2 所示。

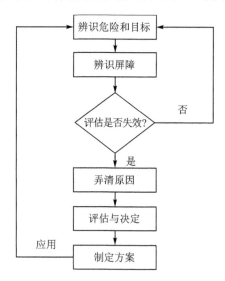

图 8.2　屏障分析法的基本步骤

8.7　基元事件分析法

基元事件就是不可再分解的最小事件,一个人为差错或者一个由硬件、环境引发的安全问题,阻断它可以预防事故。基元事件分析技术将各种不安全事件(包括事故、事故征候、差错、超限事件等等)分解为最简单的基元事件,再按 Reason 模型在一个同意的框架下对基元事件进行分析,并将分析结果保存在事件数据库中。基元事件分析技术着眼于探寻不安全事件暴露出来的系统缺陷,重在考虑人为因素。

基元事件分析的体系结构如图 8.3 所示。

图 8.3　基元事件分析图

8.8　原因图法

"根原因分析"是深入挖掘一个问题表面下本质根源的分析方法。然而,此方法将揭示系统的原因作为解决问题的范式,而不是寻找一个单一的"根源"。当使用原因图法时,"根原因分析"中的"根"是指问题表面以下的原因,如图 8.4 所示。

大多数机构错误地使用术语"根源"来确定主要原因。仅专注于一个原因将会限制解决方案,导致排除掉可行的解决方案。原因图为诱发事件的所有原因提供了一个简单的、可视的解释。"根"揭示了所有解决方案不同的选择的系统原因。结果可增加降低风险、防止问题发生的机率。

根原因分析使用原因图法包括三个步骤:

① 问题是什么?(通过判断对于目标的影响来定义问题)

通过判断对总体目标的影响来定义问题。人们经常争论要如何定义问题,你可以借鉴通过问题对目标的影响分析来定义问题。

② 为什么问题会发生?(分析原因)

把问题拆分成原因图。原因图法对产生问题的所有必需原因提供了一个全面的解释。

③ 将会采取什么行动?(解决措施)

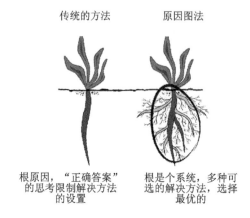

传统的方法　　　　　　　原因图法

根原因，"正确答案"　　　　根是个系统，多种可
的思考限制解决方法　　　选的解决方法，选择
　　的设置　　　　　　　　　　最优的

图 8.4　原因图法示意图

通过选择最佳解决方案去防止或减轻对目标产生的负面影响。有效的解决方案应对人们如何执行工作的过程做出调整。

原因图是显示一个特定问题如何发生以及为什么会发生的一个简单图表。它开始于几个"为什么"(5 个为什么)，然后扩展到尽可能多的细节中去（彻底）解释甚至最具挑战性的问题(30 多个为什么)。原因图创建了一个视觉表达，使得沟通什么是已明晰的、什么是需要深入挖掘的变得更加简便。人们可以看到所有碎片式的因素是如何组合在一起而产生特定事件的。一个组织在解释问题上表现得越好，它所能发掘的更智能化的解决方案就越多。

太多的公司使用粗略的标准，例如人为差错和不遵循规程，对整个事件进行分类。这些低分辨能力的调查导致得出较差的解决方案。清楚地沟通细节是至关重要的。原因图通过听取组织中的实际来了解当前工作流程运作情况的人的意见来解决问题。一个强有力的预防文化使人们更容易分享他们所知道的。一线人员、管理人员和技术专家构成了公司解决问题所不可分割的整体。

8.9　RCA 方法的优劣对比

8.9.1　RCA 方法的评价标准

在各种各样 RCA 方法工具被使用的今天，为了比较它们之间的优劣长短，创建了以下六个标准：

① 清楚地界定问题及其对提问者的意义；

② 清楚地界定导致问题产生的因果关系；

③ 清楚地建立起根原因和问题之间的因果关系；

④ 清楚地展示确定原因的证据；

⑤ 清楚地解释解决方案和如何防止问题复发；

⑥ 叙述有条理，分析逻辑清晰且易懂。

8.9.2　RCA 方法的比较结果

按照节 8.9.1 小节中的标准，表 8.1 介绍了根原因分析方法比较的结果。

表 8.1　根原因分析方法比较的结果

名　称	类　型	①	②	③	④	⑤	⑥	得　分
事件树分析法	方法	是	是	是	是	是	是	6
事件因果关系图表法	方法	是	受限	否	否	否	否	1.5
5 - Whys 分析法	方法	是	否	是	否	否	否	2
阿波罗根原因分析法	方法	是	是	是	是	是	是	6
变化分析法	工具	是	否	否	否	否	否	1
屏障分析法	工具	是	否	否	否	否	否	1
基元事件分析法	工具	是	否	否	否	否	否	1
原因图法	方法	是	受限	是	是	是	是	5.5

从上一节对八种主要的根原因分析方法进行对比的结果中可以看出，变化分析法、屏障分析法和基元事件分析法这三种根原因分析方法实际上只是一种根原因分析工具，可以辅助进行根原因分析，特征明显但也具有一定的局限性，需要和其他分原因分析方法结合使用。而事件树分析法、5 - Whys 分析法、阿波罗根原因分析法、事件因果关系图表法和原因图法这五种是比较完整的根原因分析方法，可以较为完整地处理实际工程中的不安全事件。

运输类飞机在持续运营中出现的不安全事件，一般涉及设备、环境、管理等多方面因素，不安全事件的根原因调查工作量大、持续时间长、牵涉范围广，要求根原因分析方法尽可能完整、系统、科学、容易执行。但是，5 - Whys 分析法更多地基于问题分析者的经验，不适合用于复杂事件和正式事件的调查中。因而通过比较发现，事件树分析法、阿波罗根原因分析法、事件因果关系图表法和原因图法具有更强的适用性、全面性和优越性，适用于运输类飞机持续适航不安全事件的分析。

根原因分析方法包括事件树分析法、5 - Whys 分析法、阿波罗根原因分析法、事件因果关系图表法、原因图法、变化分析法、屏障分析法和基元事件分析法等。通过建立识别问题程度、因果关系建立等六个评价标准，对上述八种原因进行对比分析。分析结果表明事件树分析法、阿波罗根原因分析法、事件因果关系图表法和原因图法对于分析运输类飞机持续适航不安全事件根原因具有更好的适用性、全面性和优越性。本研究报告主要将这四种方法运用于实际的运输类飞机持续适航不安全事件案例中进行具体分析。

8.10 根原因分析案例

8.10.1 案例分析一：基于事件树分析法的发动机叶片断裂原因分析

本部分为 SAEARP5150 中提供的事件树分析法的标准过程。

1. 范 围

应用于标准化根本原因分析中的三个主要的工具是：事件树、根原因配置图、行动项目清单。这些工具的理解和使用明确而简单，并且为调查提供了一个可遵循的清晰结构。在故障调查过程中，这些工具也会为收集到的和推理出的证据提供完整的文档证据。

① 事件树。事件树的结构类似于一个故障树，但是没有使用逻辑门。它作为所有看似合理的事件的可视化的描述，这些事件可能发生进而导致顶部事件发生。一般通用的事件树见图 8.5。顶部事件通常是最清晰的可识别的直接影响，它正在被调查，如"叶片断裂"或"轮盘飞出"。然而，如果对于这些失效如何发生知道的很少，顶部事件可能就是范围广泛的"飞机损失"。下一个级别的事件包括所有看似合理的事件，这可能会导致顶部事件。将会针对在那个等级的、可能导致顶事件的、所有看似合理的事件进行检查。随着每个事件都进行了潜在原因的评估，这个事件树也随着"生长"。最低级别的事件，因为还没有进一步的原因，构成导致顶事件根本原因的集合。每个根本原因都被认为是潜在的故障因素，并且根本因素是相互独立的。通过这种方式，没有单一的根本原因一定是导致顶事件的唯一原因；几个根本原因可能共同作用而导致顶部事件的发生。每个根本原因导致顶事件发生的路径，表现出导致故障的一个潜在的情况，随着该路径从顶事件到根本原因的过程中就表现出了因果关系，而随着该路径从底部根本原因到顶事件的过程中就可以显示生效的关系。

事件树达成了几个目的。它为调查小组给出了针对该失效所有看似合理的情况的一个清晰的描述，包括每个情况是如何发展而造成顶事件的。事件树显示了因果关系，以此为调查失效真正的根本原因提供帮助，而不是调查中间的影响。针对调查或将要提交给管理部门或客户的根本原因关闭状态，事件树的分支可以画上阴影或用颜色来显示根本原因的优先级。事件树的结构可以用来将调查小组分配到子团队，每一小队都负责研究和部署该事件树中的一部分。事件树还为调查结果的展示提供了一个可视的助手，最可能发生的情况可以在其中清楚地追踪到。

② 根原因配置图。配置图是用来追踪关于每个事件的所有已知数据和行动项目，包括事件树中的潜在的根本原因。对于每个事件和根本原因，会有证据支持和/或反驳该事件如何导致了故障。这个数据可能专门地适用于根本原因，或者它可能更普遍地适用于事件树中的一个更高等级的事件。随着调查的进展，支持和反驳的数据将被添加到配置图中，至于是否有足够的证据来关停每一个事件，哪一个事件对

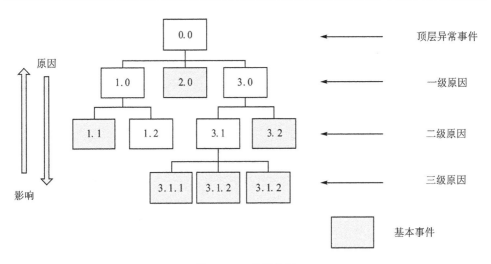

图 8.5　一般事件树

失效起作用，随时会作出评估。如果现有的数据并不足以决定以该事件的原因，那么则必须分配一个行动项目以收集更多的数据。每一个行动项目的状态和事件的优先级在配置图中都有显示。

配置图的一种标准格式如表 8.2 所列。

表 8.2　根原因配置图格式

事件＃	事件描述	支持证据	反驳证据	活动描述	A1＃	A1 状态	事件优先级
每个事件序号和事件树中的根原因	每个事件的标题和事件树中的根原因	支持该事件是造成顶事件的因素的证据	不支持该事件是造成顶事件的因素的证据	分配的、用于为该事件获得更多证据的行动项目的描述	分配给活动项目的编号	活动项目的状态（被提议、未开始、工作中、已完成）	分配至事件的相关优先级（很可能的、不大可能的、关停的）
示例：							
1.1.1.1	不正确的材料构成	针对事件引擎＃1 的叶片，确认的 XES 检查改正了合金类型	对事件引擎＃1 的叶片执行 XES 检查，以确认适当的材料构成	12	已完成	不大可能的	

③ 行动项目清单。行动项目的完整清单关系到列在配置图中的行动项目。它考虑到更多要提供的信息，包括负责的执行者、预定完成日期和其他根原因编号的列

表,这些是该行动可能涉及到的。行动项目清单在一个电子表格中,该表格可能按根本原因编号、执行者或预定完成日期来分类。这个列表提供了一种方法来管理为支持调查、协调活动、分配资源和完成各方面所做的工作以支持调查、协调活动,分配资源,估算完成/部署日期的而所做的工作。再调查根原因以外的行动,如纠正措施,也可能在主行动项目清单中列出和追踪到。

　　针对行动项目清单的一种标准格式如表 8.3 所列。

表 8.3　行动项目清单格式

A1#	原因#	团队/小组	执行者	预计日期	状 态	活动描述
分配至行动项目的编号	行动项目所处的事件树的事件编号	执行者是成员之一的团队或小组	负责的调查小组成员	预计行动项目完成的日期	行动状态(被提议、未开始、进行中、已完成)	行动项目的描述(包括它如何使该事件在事件树中的描述)
示例:						
12	1.1.1.1	材料工程	John Doe	1994 年3 月2 日	已完成	执行 XES 检查以确认引擎#1 的事件叶片的材料组成

2. 根原因分析过程

　　根本原因分析过程流程图如图 8.6 所示。它是一个迭代过程,每一个工具都被使用,并且在每一次迭代时,数据都被重新评估。失效的潜在原因由事件树确认,现有的支持和驳斥数据都被审查。该原因的潜在作用元素被评估,该原因要么被排除,要么将会分配一个行动项目,以收集更多的数据。最终,当没有更多的根原因被作为无关因素被排除时,一个或更多的根原因将会作为失效的关键因素而保留下来。

　　这个过程可以应用到任何调查中。基于调查的优先级和团队可用的资源,当使用工具以及决定小组的组织时,可能应用详情的一个适当的范围和等级。

(1) 组织调查小组

　　根据调查的量级,将调查小组划分成子团队可能是有益的,每个子团队负责调查和处理事件树中的一部分。子团队的成员将独立会面以确定在他们那部分事件树中,对于调查每个根原因,哪些数据是必要的。子团队的成员将自行分析以收集每个根原因的有关数据,或向为该调查配备的专家组咨询。当子团队成员认为已收集到足够的数据来处理根原因,他们将这些数据提交至完整的调查小组来审查和终止合同。所有调查小组的成员必须对于根原因的关停协议达成一致。

　　这个团队组织有优势确保,每个根原因都有一个焦点,可以追踪它直至它被废除。这也有助于将根原因的调查和归档任务分配小组成员。但是,如果子团队的努力协调不佳,就会存在不利条件。子团队之间缺乏关于计划行动项目的沟通,可能导致对于类似事件的类似问题有重复的工作或过多的专家。通过子团队来处理根原

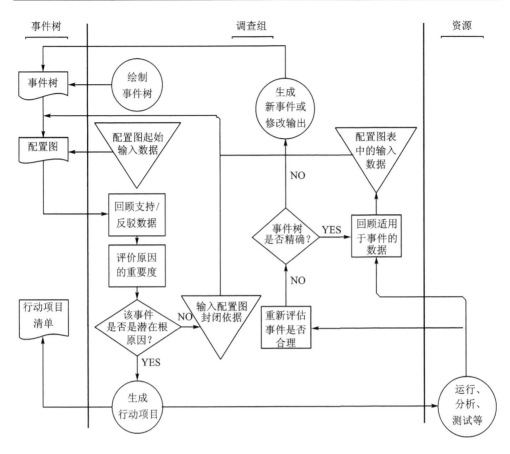

图 8.6　根原因分析过程流程图

因,也可能无意中排除根原因之间交互的检查。因此,这样的事件必须经过全体调查小组的讨论和协调。简言之,子团队的作用是决定哪些数据必须收集以及何时收集的数据足以来处理根原因,整体调查小组的作用是协调子团队的努力。

这种类型的团队组织对小的调查工作可能不是有效的,许多子团队将包括共同的团队成员。接下来的部分将会描述,无论是小的调查小组还是团队组织,如何应用每个根原因分析工具。

(2) 构建事件树

事件树来源于一个集体讨论会,这个讨论会中有所有可能提供有关正被调查的安全事件信息的关键人员。这通常是一个集成产品开发(IPD)类型的团队,选择一个人作为集体研讨和事件树构建的引导者。第一步是同意顶部的不希望发生的事件,如果已知的话,通常是最显而易见的原因。顶部事件应该尽可能具体,基于关于故障的现有证据。在过程的早期,将调查缩小至一种特定类型的失效,这使团队的努力集中在手边真正的问题上。然而,在构建事件树的初始阶段,如果没有足够的证据来缩小调查范围,收集的支持和反驳的数据将会在调查的尾部阶段缩小范围,并且将避免忽视对于该失效的一个潜在因素。适用于整个事件树构建的一般规则就是,如果存在对于它在该失效中的作用的疑问,这应该被包括在事件树中,并且一旦建立了具体的反驳证据,这可能会作为一个无关事件而被关停。

一旦团队对该项事件达成共识,通过集体讨论处于上面的等级的每个事件的所有看似合理的原因,生成事件树上的每个等级。这不仅包括那些被认为是潜在因素的原因,还包括目前没有证据支持和目前有证据反驳的原因。那些不被认为是作用因素的原因被放置在一个高的等级,并且可以根据正式的反驳证据的文档来关停。如果后来确定反驳证据不足以关停事件,在那时它可能被研究得更加详细。可能被排除在事件树之外的事件,是由于系统构造在物理上无法发生的情况。包括针对每个事件的所有看似合理的原因,将致使一个完整的事件树的构建,这将完全地归档每个潜在场景之后的作用因素。这也形成了一个事件树,该事件树可能适用于其他类似的故障调查,而不是一个特定的事件的调查。这对集合一个事件树的文库可能是有用的,可参考该文库作为将来调查的起点,其中的调查是针对为将来设计而做努力的设计约束的发展。

当集体研讨事件树上的事件原因时,应在两个等级间采用尽可能小的"步骤",那样的话,关于该故障如何发生的问题,就会包括尽可能多的细节。这将不仅阐明故障的详细情况,它也通过给出形成故障的中间步骤,在集体研讨的过程中提供帮助,以建立其他场景。图 8.7(a)中就有这样的一个示例。示例中,针对叶片疲劳断裂的原因的一个潜在的情况,是一个上游叶片的错误装配。如果这被提议成为一个断裂的一级原因(见图 8.7(b)),它遗漏了所有的上游叶片是如何造成叶片故障的所有步骤。虽然这两个例子都将上游叶片的错误装配作为一个根原因,但后面的例子提出更多关于失效机理的信息,并有助于生成针对叶片如何失效的潜在原因的其他想法。

添加有意义的细节到事件树的另一种方式是提供简洁但完整的每个事件的描述。每个事件应该表达为它的大小和极性(如太多和没有足够的)的描述,因为它会导致故障。例如,应该声明一个事件为"高于预期的稳定压力",而不是"稳定的压力"。这提供了信息,即只有具有重要意义的稳定压力,才是那些用于叶片设计裕度的压力。

事件树通过持续集体研讨事件树的每个等级上列出的每个事件的潜在原因而"生长"。针对调查,事件树可能发展到适当的水平。当不可能确定事件树上事件的任何更多的潜在原因时,将被调查的潜在根原因的集合已经产生。根原因被定义为事件树上最低级别的事件,不论它们发生的等级。例如,根原因可能发生在事件树不同的分支上的等级 4、等级 10 和等级 2;每个分支不需要被发展为与事件树上其他分支相同的等级。

应该理解为,事件树是一个工作文档,并将随调查的进展而继续进化。总之,随着信息被收集,团队将更加了解故障机理,这可能会导致事件树上更多的潜在原因的增加。通常,事件不是从事件树上删除的,他们是由于存在具体的反驳证据而作为故

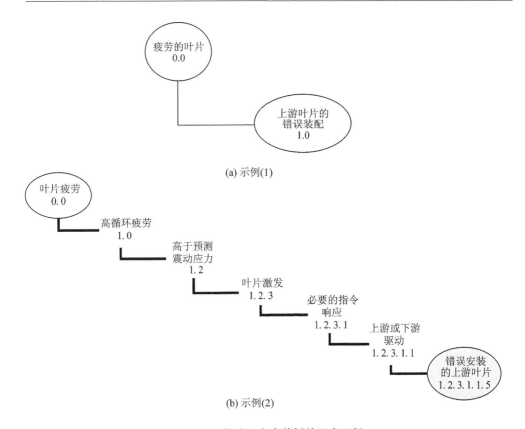

(a) 示例(1)

(b) 示例(2)

图 8.7　构建一个事件树的两个示例

障的无关因素而被关停的。

　　图 8.8 描绘了一个事件树的前四个等级,这些等级的建立是为了解决转子叶片断裂问题。顶事件被选为“0.0 叶片疲劳”,这就缩小了调查范围至只调查疲劳失效的原因。它被选为顶事件是因为,发动机事件的最显而易见的原因已经被决定是断裂的叶片,并且可疑叶片的显微镜观察的检查确认了疲劳中的断裂。一旦商定顶事件,就确定了疲劳的断裂可能是潜在地由断裂的三种类型中的一种导致的;1.0 高循环疲劳(HCF),2.0 低循环疲劳(LCF)和 3.0HCF/LCF 交互,这包含了该项事件的第一等级的原因。尽管有证据证实 HCF,也有证据反驳 LCF 和 HCF/LCF 交互是导致叶片断裂的作用因素。因此,决定开发更多关于 HCF 分支的细节,然而 LCF 和 HCF/LCF 交互由于现有的数据而被关停。这为该事件树提供了一个更完整的描述(通过包括 LCF 和 HCF/LCF 交互),同时仍然集中精力在更多的可能原因上。

　　原因的下一等级在示例事件树中可见,1.1 低于预测的材料性能、1.2 高于预测的振动应力和 1.3 高于预测的静应力都是基于一个古德曼图(见图 8.9)。这提供了在 HCF 时如何发生叶片断裂的机械原理,在 HCF 状态下,如果满足三个标准的任意一个或组合,将会发生该零件的断裂。其中的三个标准为:振动应力高于预期,静应力高于预期,或材料性能低于预期。基于机械原理构造事件树,适合解释失效如何以及为何发生,并有助于弄清有关失效原因的思路。

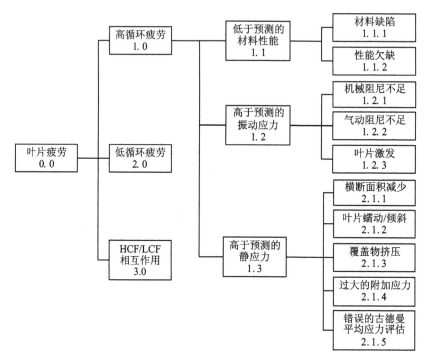

图 8.8　示例事件树

　　进一步的原因以同样的方式沿着事件树的分支往下发展,直到(a)无法确定每个事件的更多的原因,或(b)已经掌握有关一个原因的足够的反驳证据,它可能会因为不是故障的作用因素而被关闭。一旦最初的事件树完成,接下来的工作就是通过建立的优先级继续进行调查。

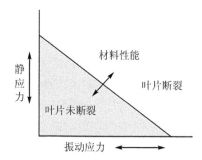

图 8.9　用于事件树的古德曼图

(3)建立优先级

　　虽然一个真正公正的根原因分析应该对事件树上的每个根原因付诸平等的努力,但是故障调查中典型的时间和资源约束,通常使这样的平等无法实现。因此,只要每个根原因被置于一个对于调查小组成员和管理部门双方都能接受的程度,它就可能有利于对调查中将付诸最多努力的根原因最先设置优先级,以此实现优先级可能随着获得更多的失效机理的信息而改变。优先级的最初设定可能通过让小组成员非正式地讨论事件树上的每一个根原因来实现,并且利用他们对于现有证据的专业技术和知识来对根原因达成一致,这些根原因是最可能导致故障的作用因素。

　　每个根原因可能被分配一个初始优先级"很可能的"、"不大可能的"或"建议删除"(只有反驳数据的审查和小组的一致同意才可以删去根原因)。一旦根原因的优先级已经确定,该事件树的其余优先级将通过将最高等级的根原因优先级上流至该分支而分配。下一等级的分支则被赋予从每一个它们的下属分支机构流上的最高的优先级。此过程如图 8.10 所示。注意,顶事件总是具有分配至任何一个它的根原因的最高的优先级。

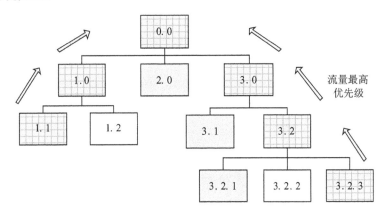

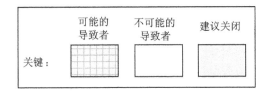

图 8.10　指定的优先级

　　在这时,创建根原因的配置图是为了评估每个根原因的支持和反驳数据,并标明何处的行动项目需要被分配收集更多的数据。如果针对一个特定的根原因,列出了所有现有的支持或反驳证据,并且对于调查小组成员来说,该根原因是否是导致故障的因素之一并不是显而易见的,这表明需要收集进一步的证据。

　　因为每个根原因是由于建议的行动项目而被审查,应考虑到有限的资源,如测试平台、破坏性检查等来确保它们被恰当地安排以收集最大限度的数据。"建议的"或"未开始的"状态可以用来追踪那些资源尚不可用的行动项目。这将允许行动项目出现在名单上,这样它就不会被忽视,但如果之后认为没有必要的话,并不要求执行它。

　　(4) 收集和追踪证据

　　一旦分配了行动项目,每个执行者应该收集要求的数据,因为这些数据特定地适用于事件树中的根原因。这是必要的,因为每一个根原因按照一个独特的路径达到顶事件,事件树上不同的分支代表不同的故障原因。虽然事件树可能包含对于事件树两个不同分支上的一个根原因的相同描述,它们也可能在不同的分支中代表不同的事情。在图 8.11 中,根原因操作条件的不充分评估在不正确的古德曼振动评估分支中可见,也在不正确的古德曼平均应力评估分支中可见。之前,根原因指的是当叶片振动设计界限确定时的操作条件的评估,而在后来,根原因指的是当叶片静应力设计界限确定时的操作条件的评估。虽然根原因的用词相同,但每一个根原因都指的是操作条件评估的不同方面。

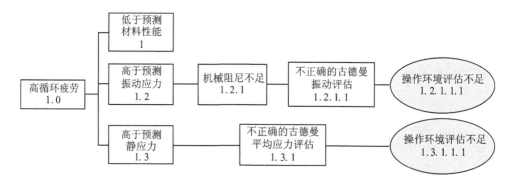

图 8.11　类似的根原因示例

　　如果资源允许,追踪每一个根原因都应该像怀疑它是故障的主要作用因素一样。这将确保分配给它的行动项目将收集到尽可能多的数据。反驳一个根原因的作用因素身份,往往比证明它是作用因素更加容易,因此,如果调查的重点是证明根原因是作用因素的话,那么只有当所有用以证明它们是作用因素的努力都失败的时候,它们才会被删除。这有助于确保重要数据不会被忽略。

　　收集并且输入至配置图的数据并不一定必须可以解决一个特定的根原因。可能会有现有的数据解决了事件树所有分支的情况。利用转子叶片事件树的例子,一个对于该叶片断裂面的显微镜观察的分析表明,这是一个高循环疲劳的典型的断裂面。这个数据并不适用于事件树上一个特定的根原因,而是适用于事件树整个 1.0 高循环疲劳的分支。因此,相对于事件树上的其他分支,这个证据可能会影响分配至那个分支上的每个事件的优先级,而其他的分支则没有这样的支持证据。

　　结合行动项目清单,根原因配置图将会针对该事件树正在工作或没有工作的区域,给出一个指示。基于来自这两个来源的总结信息,将会给出调查的一个定期状态。这将会为管理部门给出调查进展的大致情况,并将允许调查小组追踪它相对于目标的进展。状态报告的两个示例见表 8.4 和图 8.12。

表 8.4　转子叶片调查事件树配置状态报告表

事件树部分	全部的根原因	伴有活动的根原因	没有活动的根原因	删除的根原因
1.1—低于预测的材料性能	12	8	2	2
1.2—高于预测的振动应力	24	12	2	10
1.3—高于预测的静应力	17	12	1	4
其他—LCF 和 HCF/LCF 交互作用	2	0	0	2
总　　和	55	32	5	18

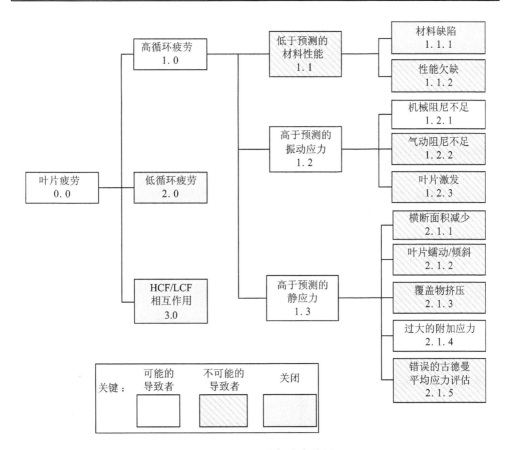

图 8.12　示例状态报告事件树

随着调查的进展,所有从行动项目收集而来的信息应输入配置图。因为一个行动项目已经完成,并且由此产生的支持或反驳证据也输入至配置图,针对根原因对故障的潜在作用,应该重新评估这些根原因。可能会分配另一项行动项目以收集更多的信息,并且/或者可能重新评估他的优先级。如果有足够的证据表明根原因并不是故障的作用因素,该根原因可能会被提议删除。

在现有证据和技术知识的基础上,每个根原因导致故障的潜在可能性都应该被评估。虽然这可能是不可行的,但应该确保的是,作为一个最低要求,应该基于现有的证据和技术专业知识,对于每个根原因,针对它是故障的潜在作用因素而评估它。通常,随着数据被收集来证实根原因是作用因素,其他不是作用因素的问题可能变得明显起来,但认为这些问题对于纠正措施的考虑足够重要。虽然这些不被认为是故障调查的一部分,但它们对于根原因分析的彻底性是一个有益的附带作用,并且可以成为加工或生产改进想法的一个重要来源。

当针对根原因对于故障的贡献而评估它们时候,另一个考虑因素是,它们与其他潜在的根原因组合起来时的影响。虽然一个单独的根原因本身可能不一定会导致故障,但是两个或更多的根原因的同时发生,可能足以导致故障。调查小组成员的技术专业知识应该考虑到根原因的潜在交互作用。对于每个根原因而收集的证据,应该导致一个关于两个或两个以上的根原因同时发生的潜在可能性的讨论。在转子叶片事件树的示例中,古德曼图中阐明的内容使其完全有可能,即无论是单独的适度高振动应力还是单独的适度高静应力,都将导致叶片断裂,然而,当两者都是适度的高时,它们

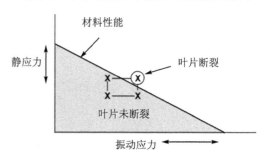

图8.13　古德曼图显示了根原因的相互作用

就超过了材料性能曲线,并且叶片断裂,如图8.13所示。

(5)处理根原因

作为故障无关因素的根原因的删除,要求所有调查小组成员的一致同意,对于该根原因有足够的反驳证据,收集更多的关于该根原因是作用因素的证据是不可行的或不实际的。删除一些根原因很简单,而删除其他的原因则可能涉及一些推测,这是由于调查小组可利用的物理证据或限制资源的无效性。

事件的关停可能要么发生在根原因等级,要么发生在分支等级。在根原因等级关停事件时,必须考虑支持和反驳证据,由于根原因适用于它的分支,这些证据直接处理根原因。如果事件树的一个分支的所有根原因都被删除,那么整个分支就被删除了,正如图8.14中演示的那样。因此,如果根原因1.1和1.2分别基于对各自的反驳证据而被删除,那么整个分支1.0就被删除了。相反,如果有针对该分支等级的事件的足够多的反驳证据,那么整个分支,以及所有处于那个分支的其他事件和根原因可能是关闭的。图8.14中通过分支3.0举例说明了该情况,其中针对事件3.0收集了充分证据以使它关闭。当事件3.0被关闭时,在它之下的所有事件和根原因,包括3.1、3.2、3.1.1、3.1.2和3.1.3,都默认关闭。

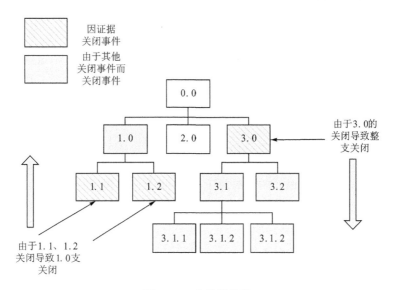

图 8.14　事件的关闭

针对关闭而处理事件的过程一直持续到已收集到所有的证据,以及整个小组达成共识,即没有更多的事件可被考虑为对于故障来说无关的因素。事件树上剩下的事件和根原因是最有可能导致故障的原因。

(6) 结果(包括对结果的分析和记录)

1) 结果的分析

当调查小组同意事件树上没有更多的事件可能被关闭时,就将会有一个或更多的、仍然是最有可能导致故障的作用因素的根原因。在有限的支持证据无法确定哪个是真实原因时,调查小组应该考虑,剩余的根原因是否相互作用而导致故障,或它们是否仅仅是少数最有可能导致故障的因素。在前一种情况下,针对至少是剩余的根原因其中之一(最有影响力的)的纠正措施,通过禁用其他根原因或减少其不利影响,可以防止故障的发生。在后一种情况下,对所有的剩余的根原因可能需要采取纠正措施。

在一个硬件失效的调查中,事件树上剩下的根原因可能被认为是"硬件根原因",因为它们是导致系统失效的硬件或系统操作异常。可以进一步追踪这些硬件的根原因,以找到系统失效"真正"的根原因,这通常是流程或程序上的问题。例如,如果确定硬件根原因是错误装配,潜在的程序上的根原因可能包括诸如不清楚的安装说明、培训不足、缺乏错误装配的证据特征、不充分的质量检查等事情。在确定了硬件根原因之后,对于这些程序上的失效的根原因的追踪,将有助于识别将被指定为实施工艺改进和复发控制的区域。

2) 记　录

当完成故障调查时,三个根原因分析工具将为调查小组提供一份完整的对于调查中考虑到的所有潜在场景的记录、所有收集到的支持和反驳每个潜在场景的证据、一个完整的对于调查之下实施的所有操作的记录,和一份对于故障顶级的、起作用的、根原因的清单。

　　事件树提供了对于所有看似合理的原因的一个可视化的描述,这些是由于它们对故障的作用而被考虑的。在可能的情况下,事件树的结构中包括了作为故障基础的机械原理,并且在事件的等级上提供了足够的细节,如此以至于每个根原因达到顶事件的路径都展现出每个事件是如何导致故障的。调查的情况包括最后剩下的根原因,都被描述在事件树上。

　　包含行动项目清单的根原因处理工作表提供了所有收集的数据的完整可追溯性,和针对不可能的根原因而执行的关闭工作,以及事件树中针对最有可能的根原因的支持证据。这不仅包括结果信息是什么的描述,还包括得到这些结果要执行的行动、负责任的个人,以及执行日期。

　　事件树、处理工作表和行动项目清单的完整资料包,可能被保存在一个调查文库中。如果已经在足够的细节基础上构建了事件树,即包括了所有的看似合理的原因,那么它将为将要用在类似调查中的事件树提供一个起点。因为事件树的结构是基于故障的机械原理,针对其他类似失效模式的调查,它会显示出事件树的大量共性。处置图和行动项目清单可以为建立事件的关闭时必要的、数据的类型提供指导,以及拥有故障调查经验的一些知识渊博的人。

3. 结　论

执行故障调查的根原因分析技术有几个优点:

① 作为调查的一部分,它提供完整的文档,其中包括所有收集的证据和执行的操作;

② 对于故障未起作用的原因,它提供了关闭这些原因的全部理由;

③ 它有可能识别超过一个对于故障的作用因素;

④ 它对故障的所有看似合理的原因都进行彻底的调查;

⑤ 它有可能识别其他产品或工艺问题,无论是和故障相关的还是无关的;

⑥ 它向客户提供调查方法与过程的可见性。

　　进行一个根原因分析,有几个次要的影响。最重要的是,调查的彻底性大大增加了识别出故障真正的根原因的可能性,并且可以通过适当的纠正措施来处理。同时,由于存在于这个失效机理中的系统的每一个方面已经被检查,调查小组将会更好地理解系统。这可能会导致针对需要进行工艺改进的区域的识别,和/或获得知识可以被纳入相关的设计。最后,管理部门和客户会更有信心,对于一个有效的故障调查,他们的资源已经被合理利用。

8.10.2　案例分析二:用因果分析法分析美国航空 1420 航班飞行事故

1. 事故信息

运营商:美国航空公司

航空器型号:MD - 82

注册号：N215AA

事故等级：重大飞行事故

2．事故概述

事故通知：机上乘客用手机拨打"911"报警

事故调查组织：美国国家运输安全委员会（NTSB）

运营商：美国航空公司

航空器的制造厂商、型号及注册号：美国麦道飞机制造公司，MD-82，N215AA

国籍：美国

失事时间：1999 年 6 月 1 日

起飞机场：美国达拉斯-沃斯堡国际机场

失事地点：美国小石城，阿肯色州

航班类型：国内公共乘客运输

运载人数：机组 6 人、乘客 139 人

事故概述：

1999 年 6 月 1 日，一架 MD-82（注册号 N215AA）飞行时，在小石城因着陆冲出跑道而坠毁。1420 航班的机组人员收到了雷暴的警告，并且由于风向改变，机组改变航向，从 22L（22 左）跑道转到 4R（04 右）跑道，准备着陆。当飞机在 4R 跑道进行进近时，一场雷暴也在机场上空生成。此时空中管制人员报告给机组的风向是 330(°)/28 kn（约为 14 m/s）。在进近过程中，机组人员忘记将扰流板预位，以减小飞机的升力。在着陆之后，尽管有刹车和推力反向器进行减速，但飞机仍然冲出跑道，以高速撞向跑道另一头的引进灯，最终停在阿肯色河的岸边，断裂成三截并起火。

事故后果如表 8.5 所列。

表 8.5　事故后果

	人　员			设　备
	死亡人数	人员受伤	未受伤	
机组人员	1	4	1	机体断裂成三截并起火
乘　客	10	105	24	
第三方	0	0	0	

3．事故原因分析

（1）调查中查明的事实

① 1420 号航班于 11 时 16 分（晚点 2 h）从达拉斯起飞。原定从美国南部的达拉斯-沃斯堡机场飞到目的地小石城。在 12 点 7 分距离着陆还剩 4 min 时，大雨和乌云几乎完全遮蔽了机场。跑道可视范围大大降低，情况相当危险。当可视距离降至 914 m 时，飞行员已无法确定能否安全着陆。机组人员顿时陷入了慌乱，各种失误随

之发生。最终,在强烈的风暴之中,1420 航班飞机以超过 161 km 的时速冲出了跑道,穿过 7 m 的堤坝,撞上前方钢铁通道后,在阿肯色河的泥岸上停了下来。

② 在进近过程中,机组人员忘记将扰流板预位,以减小飞机的升力。在着陆之后,尽管有刹车和推力反向器进行减速,但飞机仍然冲出跑道,以高速撞向跑道另一头的引进灯,最终停在阿肯色河的岸边,断裂成三截并起火。机长是死亡的 11 个人中之一(由于一座钢架天桥击中驾驶舱),同时还有 10 名旅客罹难。机长在最后时刻的话语说明他正在努力地使飞机接地。机组人员中 3 人重伤,1 人轻伤,幸存的乘客中 41 人重伤,64 人轻伤,24 人未受伤。

③ MD-82 型飞机是美国麦克唐纳·道格拉斯飞机制造公司生产的中短程运输机,是在 MD-80 系列的基础机型上经改进的高温高原型飞机(MD-80 是美国麦克唐纳·道格拉斯公司从 DC-9-50 发展而来的新系列中短程客机)。在 1989 年 3 月 3 日送交给大西洋东南航空,在坠毁前已经飞了 18 171 次。

④ 事故发生时低云、降雨、闪电、雷暴、狂风等聚集在一起,大雨和乌云几乎完全遮蔽了机场,跑道可视范围大大降低。

⑤ NTSB 的调查员调查证实在飞机着陆时,阻流片的确没有打开。这一疏忽无疑是致命的,1420 航班飞机根本无法及时停下来。

⑥ NTSB 调查员对座舱语音记录进行了调查,发现在语音记录中并没有操作阻流片时应发出的声音,也就是说,在飞机着陆时,飞行员没有操作阻流片。

⑦ 飞机着陆的理论极限并不是飞行员能决定的,而是由公司制定的。一般理论极限湿跑道侧风风值不超过 10 kn。NTSB 调查员发现从当时的风值看,1420 航班飞行员的操作远远超出了这一极限。

⑧ 麻省理工学院的专家用数周时间进行了调查,结果显示,飞行员在着陆时完全不管恶劣天气带来的严重后果,他们根本不管是黄色警报还是橙色警报。在与雷暴的遭遇战中,有 2/3 的航班是强行着陆的。

⑨ 按照公司规定,所有航班机组人员绝不能超过 1 天 14 h 的连续工作极限,而超过最长连续工作时限,会面临着相当严重的惩罚。因此,为了完成飞行任务,又不能超出连续工作时限,即使是在恶劣天气,机组人员仍选择了强行着陆。

⑩ 按照公司的规定,飞行员禁止驾机驶入强烈雷暴区。但调查人员认为这一规定很模糊,存在很大的主观性。飞行员需要的是明确的界限。

(2) 事故原因分析及主要依据

1) 鱼刺图(鱼骨图)概念

鱼骨图(见图 8.15)是由日本管理大师石川馨先生所发明出来的,故又名石川图。鱼骨图是一种发现问题"根原因"的方法,它通过头脑风暴法找出这些因素,并将它们与特性值一起,按相互关联性整理形成层次分明、条理清楚并标有重要因素的"特性要因图"。因其形状如鱼骨,所以又叫鱼骨图或鱼刺图。

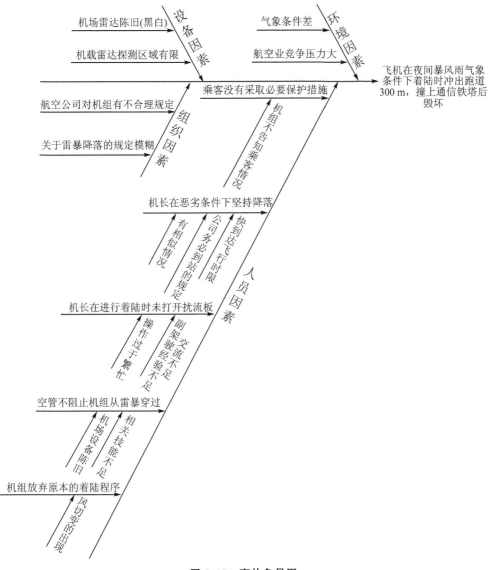

图 8.15　事故鱼骨图

2) 鱼骨图的三种类型

① 原因型鱼骨图（鱼头在右，特性值通常以"为什么……"来写）；

② 原因型鱼骨图（鱼头在右，特性值通常以"为什么……"来写）；

③ 对策型鱼骨图（鱼头在左，特性值通常以"如何提高/改善……"来写）。

该调查报告事故原因分析中采用的是原因型鱼骨图。

3) 该方法的分析步骤

① 针对问题点，选择层别方法（如人机料法环等）；

② 按头脑风暴分别对各层别类别找出所有可能原因（因素）；

③ 将找出的各要素进行归类、整理,明确其从属关系;

④ 分析选取重要因素。

检查各要素的描述方法,确保语法简明、意思明确。

4) 该方法的优点

① 从各方面着手分析事故发生的原因,并分析出每个方面的深层原因,便于提出针对性的建议措施;

② 在完成分析的同时也形成了事故大体致因的关系排列,实现了事实和分析的一体化,便于事实-原因的联系及后期可能涉及的修改。

5) 该方法的缺点

① 每一层类别的划分只涉及大骨,而中骨和小骨的原因未归类,在深入分析时针对性不够强,对初学者来说,难以找出事故的根原因;

② 不同大骨上的中、小骨原因可能重复,在分析后期统计原因和提建议时不太方便;

③ 中、小骨上的深层原因是分别列在不同大骨上,不便于其相互之间关系的联系,使分析过于单线式,缺乏系统考虑问题的思路,可能使得出的结论和建议有较大偏差。

6) 本事故的原因分析

事故最可能的原因是在雷雨中机组无法继续进近,机组在向机场进近中发生一系列相关联的危险操作,还有最主要的因素是机组在落地之后没能确保扰流板打开。

造成这起事故的原因:

① 在这种恶劣天气下试图降落的压力和疲劳导致了机组正常驾驶能力被削弱;

② 在超出公司规定最大侧风风速 10 节的条件下,机组继续进近;

③ 在落地之后,使用了超过 1.3 倍引擎压力比的反推;

④ 航空公司"务必到站"的压力迫使近 2/3 的机组冒险穿越雷暴云试图降落。

4. 安全建议

(1) 组织环境的角度

事故的发生往往是以组织的缺陷为萌芽的,因此,我们应该从组织方面的原因着手,防止人的不安全行为和物的不安全状态。

航空公司角度:

① 飞行程序上的改进,正副驾驶必须在降落过程中都确认扰流板打开。

② 航空公司需要合理搭配机组,并且合理排班,以防止机组成员间交流不畅及飞行员因疲劳造成的注意力不能集中。

③ 飞行签派人员应提供更加准确的气象资料,并在飞行过程中及时更新。

④ 航空公司需要提高飞行计划的安全性,以减少航班遇上极端情况的概率。

⑤ 政府角度:政府需要增大违规惩罚力度,以减少违规行为的发生。

(2) 人员角度

① 机组成员应严格遵守各种程序规章,做到一切按章办事。

② 副驾驶应起到监督正驾驶操作行为的作用。

③ 机组成员提高自身知识水平,方能作出正确决策。

(3) 硬件设备的角度

机载气象雷达的有效作用范围应明确并扩大。

8.10.3　案例分析三:用原因图法分析法航 4590 航班协和飞机坠毁事故

2000 年 7 月 25 日下午,法国航空 4590 航班从巴黎飞往纽约,执行这次长途飞行任务的是一架超音速飞机。可悲的是,在起飞后不到两分钟内,这架超音速喷气式飞机坠毁在法国戈内斯的一个酒店上,造成机上 100 名乘客和 9 名机组人员全部罹难,并造成地面的 4 人死亡及 1 人受伤。

在 4590 航班起飞前五分钟,前往纽瓦克的一个航班在使用同一个跑道时失去了一个长条形钛合金部件。按要求每架协和飞机起飞前都应进行完整的跑到检查,但是在事故发生前没有(原因可能是航班延误了 1 h)。在 4590 航班起飞的过程中,飞机机轮碾过钛合金部件,导致飞机一个左轮胎爆裂,轮胎的碎片以高速射向机翼下方 5 号油箱的位置,造成的振荡波导致油箱盖受压并打开,大量燃油泄漏;另外一块较小的轮胎碎片割断起落架的电缆线,导致火花引燃漏油起火。起火时机场的航管人员虽已经发现并通报该班机机长,但因飞机已滑行至 V1 速度不得不起飞。起飞后 1 号和 2 号发动机着火,继而烧毁机翼,令飞机无法爬升及加速,最后失速坠毁。

1. 定义问题

从事故调查的目标角度出发进行分析,这样可以避免混乱的根原因分析以致无法找到事故的根源,而过多关注问题会引发过多的指责和争论,或讨论偏离关键目标。

采用列提纲的形式便于读者阅读和捕捉重要信息。通过对机构总目标的具体影响(即理想状态的偏离程度)来定义问题。在这个协和号的案例中,人员遇难是坏的,财产损失也是坏的,但显然挽救生命比防止财产损失更重要。

法航 4590 航班协和飞机坠毁事故信息提纲如图 8.16 所示。

提纲中将遇难人数分为两个部分是为了区分一部分人在飞机上遇难,一部分人在宾馆里遇难。

是什么	问题	协和式飞机失事, 生命垂危, 轮胎破裂	
什么时间	日期、时间	July 25,2000,16:45	
在哪里	位置	法国巴黎戴高乐机场, 跑道26R	
		撞到机场附近的酒店 (Gonesse)	
对目标的影响			
	安全	113死亡人数:全部100名乘客, 全部9名机组人员, 4名地面人员	
	属性	飞机损失	125 000 000 美元
	频率	第一架协和式飞机在4 000次飞行中失利 (900 000 h)	

图 8.16　事故信息

2. 事故分析

通过 5 - Whys 分析法确定事件的因果关系,运用图法从简单的线性图入手,最终扩展为对整个事件的细节展示。

(1) 从简单的为什么问题开始

问至少五次"为什么"：为什么会造成安全问题？为什么导致 113 人遇难？为什么会发生坠机？为什么燃料电池会爆裂？并画出类似于图 8.17 的图。

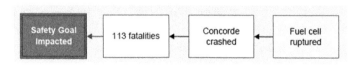

图 8.17　5 - Ways 分析

(2) 加入新收集的细节信息

5 - Whys 分析法高效清晰，可以立即开始构建原因图。

通过在根原因分析中使用 5 - Whys 分析法，我们发现，该协和飞机的失事是由在飞机左侧的两个引擎造成的损失。跑道上的一块碎片引起的左侧的一个轮胎解体。当轮胎发生爆炸时，一块碎片击中了飞机的下部，一个爆裂的燃料电池被吸入 1 号和 2 号发动机。随后燃料被点燃，损坏了两个引擎。协和飞机最终坠毁在戈内斯州的一个酒店。

我们可以在原因图的任意一个原因上添加因果关系，可以在左边、右边、中间或者垂直添加。这些原因可以结合到一个原因图，以适应所需要的更多的细节。

图 8.18 所示包含 8 个为什么。

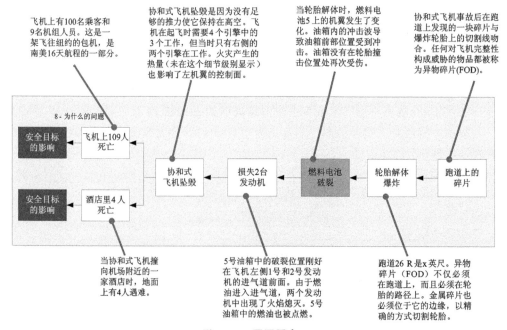

图 8.18　原因图表 1

图 8.19 所示包含 20 个为什么。本次事件可以增加到 100 余组因果关系。

(3) 选择具体的方案,防止问题再次发生

① 提高轮胎的安全壳强度,破坏击穿极限;

② 增加轮胎的服务系数,从 2 倍增加到 4 倍;

③ 指定允许的修复并建立重新叠片允许的号码类型。

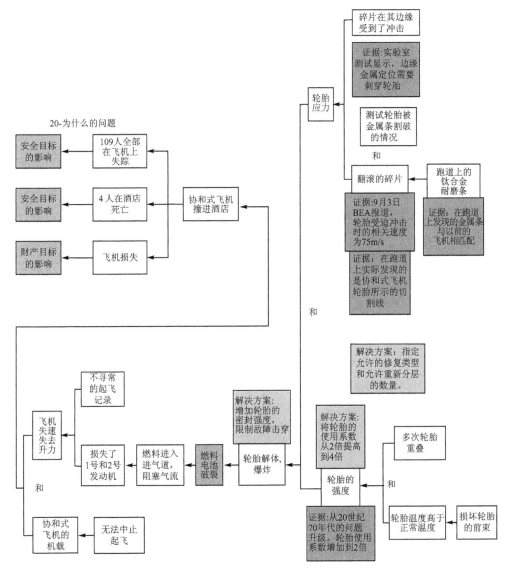

图 8.19　原因图表 2

8.10.4　案例分析四：用阿波罗根原因分析法分析 TWA 800 航班事故

1. 阿波罗根原因分析软件 RealityCharting®

RealityCharting®是由阿波罗根原因分析法创始人 Dean L. Gano 及其团队开发的跨平台应用软件，是一个功能强大的根原因分析工具，用于促进阿波罗根原因分析法的推广并向其致意。友好的用户体验使用户能够基于软件报告准确识别和记录他们的问题的根原因和解决方案。

使用 RealityCharting®，用户凭借直观的显示结果，能更好地理解因果关系和相应的改进措施，从而增加选择最佳解决方案的效率。使用 RealityCharting®有许多好处，包括增加根原因分析的熟练程度，使审查过程更为有效，缩短调查周期和提高利益相关者在制定解决方案时的信心。

该软件还具有生成文件易于保存、易于跟踪修改、易于分享、可加密等优点，具有良好的实用性且易于在个人、各种大小企业推广使用，不失为我们进行根原因分析的合适工具，也为后续进行民机风险评估的工作提供了良好助力。

RealityCharting®主要分为三个版本：普通版、简化版和专业版，支持英语、法语、西班牙语、葡萄牙语、印尼语、荷兰语和德语，在国外已经拥有了一定数量的忠实用户群体。然而，该软件目前在国内均尚无汉化版本和破解版本。目前仅在其官方网站上提供有普通版和简化版的 30 天的免费试用版本下载。遗憾的是，由于普通版不支持输入中文，之后的案例分析使用了简化版 RC Simplified™。

2. RealityCharting® 的软件功能和使用步骤

RealityCharting® 的软件功能：

① 沟通功能：RealityCharting®是一个功能强大的可视化工具，使你能够快速地理解相关因果关系，并以图形化的方式将它们连接在一个自动构造的图表中；

② 直观的拖放界面：易于使用的图形界面，支持拖放操作，允许你轻松地创建和修改图表；

③ 添加证据：轻松将报告、照片和视频等证据添加到证据箱并和相应原因链接，便于快速参考；

④ 图表缩放：允许你自由调整图表比例，并在纸张上以合适的大小打印；

⑤ 跟踪对图表的改动：这个强大的功能可以识别对根原因框图文字或对图表结构的改动，然后由编辑决定接受或拒绝这些改动；

⑥ 实时规则检查：软件可以实时按逻辑规则检查并显示你的工作状态，而不必手动按规则检查图表；

⑦ 自定义图表视图：你可以在不同的工作区或是页面布局视图自由放大或缩小。

使用 RealityCharting® 软件作阿波罗根原因分析按"四步走",这四个步骤具体
(见图 8.20)是:

① 明确问题;

② 绘制因果图;

③ 添加证据;

④ 制定解决方案。

完成这些步骤之后,即可利用 Reality-
Charting® 绘制出完整的因果图,生成分析
报告。

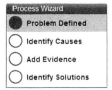

**图 8.20　RealityCharting®
软件分析过程的四个步骤**

3. 应用 RealityCharting® 软件分析 TWA 800 航班事件

案例:美国环球航空公司 TWA 800 航班空中解体事件,案例分析来源于 Thi-
nkReliability 公司,该公司的根原因分析业务服务于美国宇航局、美国国土安全部、
美国中西部特快航空等单位,具有一定的权威性。

1996 年 7 月 17 日,一架环球航空公司的波音 747 飞机——TWA 800 航班在纽
约飞往伦敦的途中在长岛上空发生爆炸。飞机于空中解体,并坠入大西洋,机组和乘
客共 230 人不幸全部遇难。

下面将应用 RealityCharting® 软件对本次事件分四步进行根原因分析。

(1) 明确问题

首先我们提出四个基本问题,以明确问题:问题是什么? 它是什么时候发生的?
在哪里发生的? 它造成了何种影响?

前三个问题很好理解,将它们分别输入即可。事故影响可分为生命安全和财产
安全两方面,顺带加上事件的频率等特征,结果如图 8.21 所示。

图 8.21　明确问题

(2) 绘制因果图

绘制因果图的过程,实质上也就是进行根原因分析、寻找根原因的过程。

飞机为何爆炸解体? 这是一个复杂的问题。美国的国家运输安全委员会
(NTSB)曾呼吁进行调查。当他们第一次要求调查,他们必须考虑所有的潜在原因:
飞机上有炸弹,导弹击中飞机(曾有被军事演习中发射的导弹击中的说法,但被官方
否认了),结构损伤引起的预先存在的裂纹,或飞机内部产生的爆炸。

值得注意的是,我们认为其中仅有一个潜在原因是实际的原因,属于逻辑或关

系,所以应用"或(or)"进行连接。

为了搞清楚真正的原因,NTSB 检查了飞机的残骸,他们得出的结论是由于飞机内部的一个油箱发生爆炸。尽管仍有人对该次事件的原因有其他看法,但在这里我们跟着 NTSB 的结论走,将其他原因排除,如图 8.22 所示。

确定了飞机解体的直接原因后,且没有其他并列的原因,输入 RealityCharting®(见图 8.23)。迈出因果图的第一步,并继续追问:油箱为什么发生爆炸?

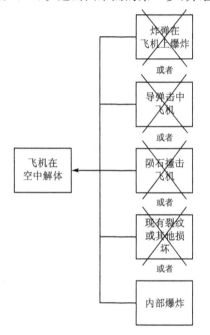 

图 8.22　飞机解体潜在原因分析草图　　**图 8.23　输入飞机解体的直接原因**

图 8.24 所示为利用 RealityCharting® 软件绘制的部分因果图的示例。

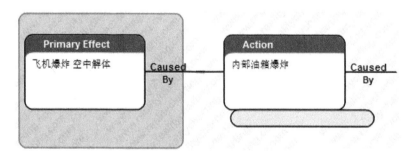

图 8.24　利用 RealityCharting® 软件绘制的部分因果图

油箱爆炸需要三个条件:① 油箱内存在易燃的油/气混合物;② 充足的氧气;③ 易燃混合物被引燃。这三个条件是缺一不可的,属于逻辑与关系,应用"和(and)"连接。其中③被称为动因(Action),①、②被称为静因(Condition)。

　　继续追问，上述①、②静因的存在原因可简单概括为由于 B747 飞机的设计所致，这里不再具体展开文字分析，欲知详细将在最后以因果图的形式展现，我们更关心的显然是动因。

　　图 8.25 所示为利用 RealityCharting® 软件进行原因分析的工作界面。

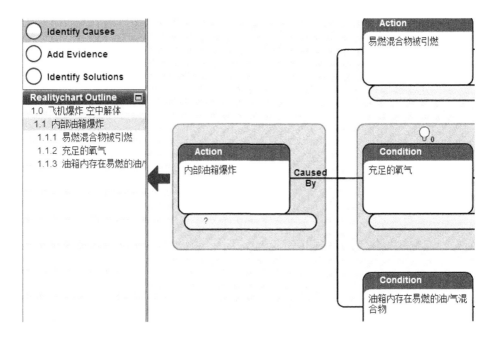

图 8.25　RealityCharting® 软件的工作界面

　　飞机内部油箱起火在理论上有这四种原因：雷电、静电、油箱内产生电弧、油箱自燃（燃料或邮箱结构过热爆炸，没有直接接触明火源）。依然是逻辑或关系来连接这些潜在原因（见图 8.26）。

　　NTSB 在调查期间通过检查飞机残骸来运行测试，并审查目击者的证词和气象报告，认为最可能的原因是油箱内产生电弧，再次划掉其他的可能性：

　　而电弧产生的原因又是什么？NTSB 找到了两个可能的原因：一是冲击电压和硫化银沉淀发生作用，产生电弧；二是可能有裸露的导线和导电污染物之间因冲击电压直接产生电弧。那么导电污染物来源于何处？可能是来自维修时残留的金属碎屑（值得我们机务人员警醒）……接下来按此法不断追问，本次事件有超过 120 个原因。

　　考虑到工作量的缘故，且由于接下来是重复的机械劳动，最终绘制了 26 个潜在原因的因果图，这里不一步步赘述其分析过程。当我们无法进行下一追问时，应在后面添加"停止（stop）"标记。

　　关于因果图的绘制仍有内容需要补充，图 8.27 是软件的高级版本中的图例：

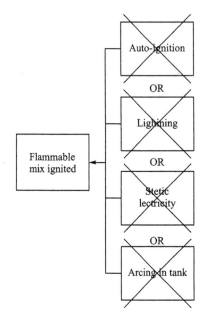

图 8.26　飞机内部油箱起火的潜在原因分析草图　　**图 8.27　RealityCharting® 软件图例**

"More Info Needed"：由于缺乏更多信息，无法进一步追问时，添加此标记；

"Reason for Stopping"：分析正常终止时添加此标记，软件内有预设的常用停止原因，也可自行输入或留空；

"Go To Options"：超链接到本图表甚至其他图表的某一根原因时使用此标记；

"Missing Evidence"：证据缺失时软件自动添加此标记；

"Evidence Provided"：证据已获证实时软件自动添加此标记；

"Solutions Identified"：解决方案制定后软件自动添加此标记；

"Solutions Implemented"：解决方案已实施后软件自动添加此标记；

"OR Logic Used"：添加并列的逻辑或原因时使用此标记（平时默认为逻辑与）。

（3）添加证据

我们有必要提供分析原因的证据，并在因果图上标注，以便分享、回顾时均可一目了然，也有利于未来跟踪、修改不确定的、错误的原因等。

举例说明，我们在飞机解体爆炸是因为内部油箱爆炸这一因果关系下添加证据——NTSB 事故调查报告（见图 8.28）（本次分析绝大多数证据也来源于此）。

也可按软件预设值简单标注为观测（Observed）、文档（Written Document）、口述（Verbal Statement）等。

软件的高级版本中可以添加报告、图片、视频等文件到证据箱。

（4）制定解决方案

我们可以方便地针对因果图上每一个原因制定相应的改进措施来控制甚至避免

问题的再次发生。显然,越详尽细致地分解问题,制定解决方案的针对性和可行性就越强,如图 8.29 所示。举例说明,我们不可能制定出"不允许油箱内存在易燃混合物"这种方案,但我们可以"安装设备,防止电压激增产生冲击电压"。

制定完所有可提出的解决方案后,至此分析完成。

图 8.30~图 8.34 是使用 RealityCharting® 绘制的完整因果图(分步视图):

以下是使用 RealityCharting® 软件生成的分析报告:

Event Report

For Internal Use Only

Report Date:

Start Date:

Report Number:

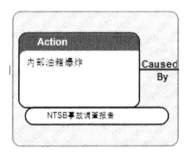

图 8.28　为每个原因添加证据

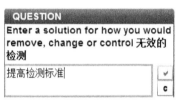

图 8.29　每个原因制定解决方案

1) 问题描述

What:飞机爆炸,空中解体;

When:1996/7/17 20:31;

Where:纽约长岛上空;

Significance:230 人死亡,1.1 千万美元经济损失,偶发事件。

2) 问题解决

问题解决如表 8.6 所列。

表 8.6　问题解决

原　因	纠正措施
导线分隔不充分	给线路增设护罩
无效的检测	提高检测标准
导线使用超过设计年限	按期更换导线
线路上存在硫化银沉淀	清除硫化银沉淀
存在裸露的导线	不允许导线裸露
存在维修时残留的金属碎屑	维修完毕后彻底清洁
油量指示系统(FQIS)短路	安装短路保护设备,如电阻器、断路器等

续表 8.6

原　因	纠正措施
空调设备在地面时已运行两个半小时	使用地面设备进行空气温度调节
冲击电压输入油箱	安装冲压保护设备
B747 飞机油箱设计的缺陷	改进设计
油箱没有加油	加油时给所有油箱加油
没有进行惰性化处理	进行惰性化处理
易燃混合物被引燃	隔绝火源

本次飞机爆炸解体的分析结论一目了然——在若干个上述根原因的共同作用下,导致飞机内部油箱起火爆炸,同时也已经在可执行范围内针对每个(根)原因制定了最佳的解决(改良)方案。

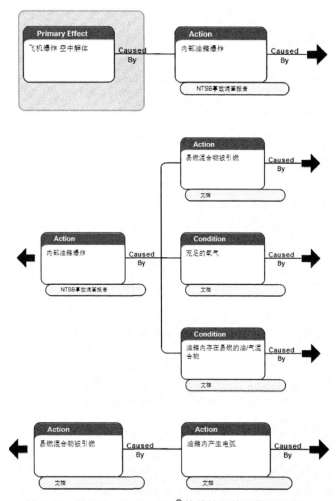

图 8.30　利用 RealityCharting® 软件绘制的完整因果图(1)

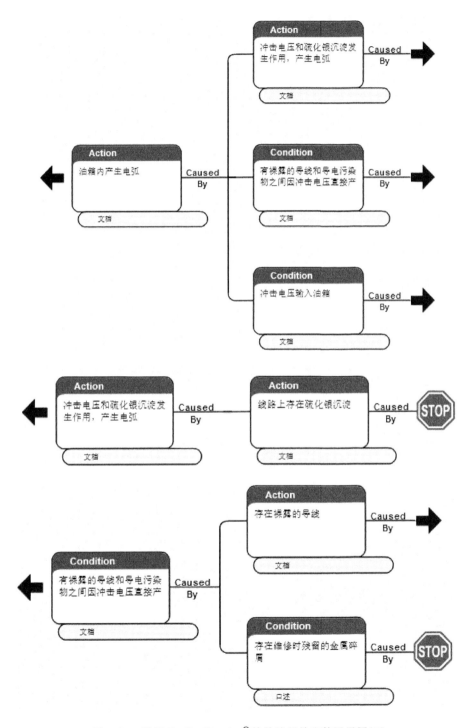

图 8.31　利用 RealityCharting® 软件绘制的完整因果图(2)

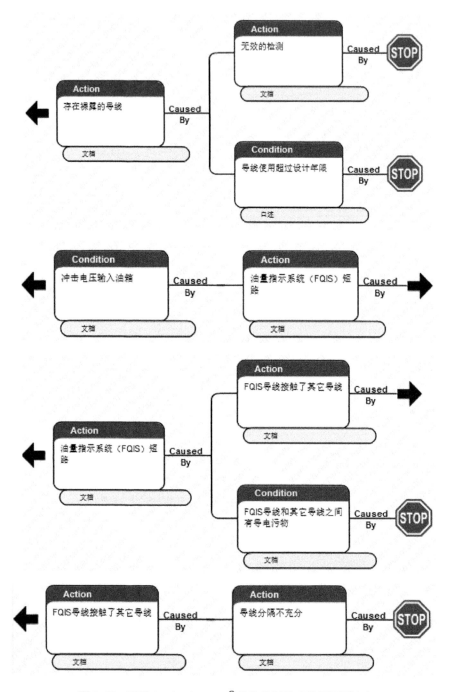

图 8.32 利用 RealityCharting® 软件绘制的完整因果图(3)

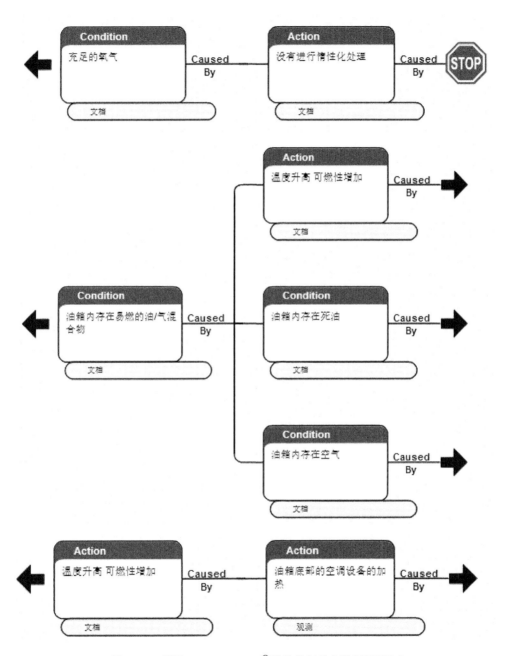

图 8.33　利用 RealityCharting® 软件绘制的完整因果图(4)

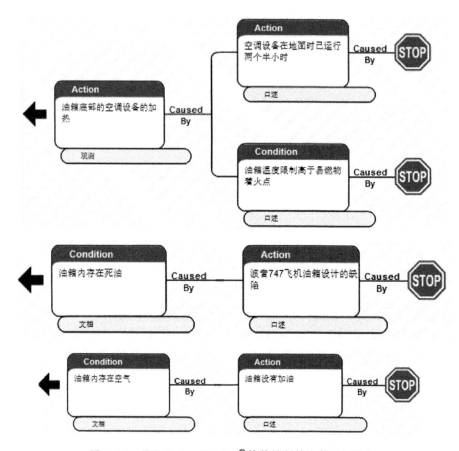

图 8.34　利用 RealityCharting® 软件绘制的完整因果图(5)

第9章　纠正措施时限计算

本章主要介绍了纠正措施与纠正措施实施时限的概念。目前国际上主要纠正措施时限计算方法包括 ESAS 提出的冈斯顿方法和 FAA 提出的 TARAM 方法,这两个方法也会在本章做详细介绍。

9.1　纠正措施

持续适航风险控制的目标是通过采取紧急或者永久性的纠正措施来消除或有效减小潜在不安全状况的适航风险水平。因此,当确定事件风险水平高于适航要求后,即应制定适当的纠正措施以控制风险水平。

纠正措施主要包括停飞、限制、检查或者改装等。在所有可能采取的纠正措施中,停飞将对飞机制造商产生恶劣的负面影响,无论何时都应通过快速有效的限制或检查来尽量避免停飞。若必须进行停飞,则应立即制定退出策略,即何时或通过何种方式发布其他的纠正措施,使机队再次投入运营。影响较小的一个等级是发布(临时的)限制措施,该措施可使机队持续运营,在采取(临时)限制措施后,也应制定退出策略,特别是限制措施会严重影响机队运营成本时。下一个等级是(临时)检查(一次性检查或者重复检查),进行检查需要较长时间、耗费较高成本,应制定合理的检查方案,使检查不妨碍机队运营。优先选择的最后一个解决方案是改装,进行改装的目的是消除不安全状态的根源。但是,改装所花费的时间和成本将是最多的,运营商还需较长时间来适应改装。进行改装后,就不需要限制和检查措施了。

9.2　纠正措施实施时限

近些年来,适航要求所包含的适航风险水平分析在传统定性分析方法的基础上有了很大的发展。通过与实际的适航风险水平(由事故的统计数据得出)相比,经过全面的考虑及讨论,尤其是采用安全评估的方法,可以更加精确地确定适航风险水平。

适航风险水平目标值是飞机设计所必须遵循的最大风险水平(如对于大型飞机灾难性事故发生率不高于 $1 \times 10^{-7}/\mathrm{FH}$),实际上对于特定机型而言,其适航风险水平在目标值的一个范围内变动。因此,有必要对会增加风险水平的状态进行监控,在实际的风险水平超出预先确定的警戒线之前采取改正措施,将适航风险水平控制在适当的范围内。

适航风险水平目标值以一个单独的数字来表示;目前,大型飞机的平均适航风险水平在灾难性事件的概率上设置为 $\leqslant 1 \times 10^{-7}/\mathrm{FH}$。任何基于风险成本或者其他方面的考虑都不能违反这个安全要求。

　　适航风险控制的目标是及时消除或者减小潜在的会显著增加适航风险水平的紧急状况，采取必要的改正措施。在纠正措施确定以后，除非飞机停飞，结合机队规模和航空公司的正常运营情况，纠正措施的实施一般需要一定的时间，确定纠正措施到纠正措施具体被实施之间的时间即为纠正措施实施时限。在纠正措施实施期间，随着风险暴露时间的增加，机队风险也会相应增加，如果纠正措施时限不加以控制，机队风险甚至会超出适航风险水平的目标值。

　　因此，为了保证风险在纠正措施实施期间不超过风险标准，同时也为纠正措施实施制定优先级，需要对针对不同故障的纠正措施实施时间进行计算和比较。

9.3　冈斯顿纠正措施时限计算方法

9.3.1　冈斯顿方法背景介绍

　　冈斯顿方法提供了为纠正与安全相关的问题而设置适当反应时间的一种方法。该方法在 20 世纪 70 年代后期在英国航空管理局（CAA）的一份内部文件中首次提出，1982 年 11 月正式成为 CAA 的咨询材料。该方法目前已经被广泛认可，尤其是在欧洲，制造商和局方用比方法来判断计划改正/改进措施是否充分。2002 年 6 月批准的 JAA ACJ 39.3(b)(4)中包含了一份正式的更新程序。之后，2003 年 10 月批准的 EASA GM 21A.3B(d)(4)继承了该更新程序。

　　该方法的目的是保证飞机机队在其平均寿命期间内，其安全风险满足初始设计研发时的安全目标。实现该目标的是认为许多安全问题会发生在机队的整个寿命期内，以及在遇到这些安全问题时限制机队的运行时间。该指南实际上是一种分配程序。该程序假定一个基本的危险水平、一些未来的安全问题及其危险水平，以及单架飞机或一个飞机机队的寿命期风险限制。为每个假定的安全问题计算恰当的暴露时间，使得综合寿命期风险满足寿命期的风险目标。

9.3.2　风险标准的确定

　　纠正措施时限确定的理论依据运输类飞机的适航标准要求"发生任何妨碍继续安全飞行和着陆的失效状况的概率为极不可能（Extremely Improbable）"。根据目前公众可接受的安全水平，整机由于系统失效发生"极不可能失效状况的概率"为每千万飞行小时发生一次，或者说每飞行小时发生的概率为 10^{-7} 次，即 1×10^{-7}/FH。这是飞机在整个寿命期内的平均风险水平。也就是说，飞机在某些时间内的风险水平可能高于这一值，只要在整个寿命期内的平均风险控制在（或低于）这一水平，我们就认为满足规章的要求，符合公众的利益。

　　实际的风险水平往往好于适航要求的风险水平，因为设计刚好达到 1×10^{-7}/

FH 的风险也不容易做到,很多方面会好于这一水平;另外,飞机并不总是在最危险的状况下运行。然而,由于设计可能存在的缺陷、飞机遭遇未预见的失效或事件的组合、未知的运行状况和环境条件、材料和制造标准的差异等因素,某种情况下,实际风险水平也可能高于适航要求的风险水平。总之,对于特定机型的风险水平会在目标风险水平(适航要求)的一定范围内变化。

因此,当飞机发生某种失效后,需要对可能导致的风险作评定,风险高,就需要在较短的时间内采取纠正措施;风险低,可以允许在相对较长的时间内采取纠正措施。如果一架飞机 10% 的寿命时间处于灾难性事件风险增加一个数量级的状态下,那么它整个寿命期间内的平均风险将会翻倍。

风险的表达式如式(9.1)所示:

$$R_N \times T = 10\%T \times 10R_0 + 90\%T \times R_0 = 1.9T \times R_0 \tag{9.1}$$

由式(9.1)可知:

$$R_N = 1.9R_0 \tag{9.2}$$

式中:

T 为飞机的寿命;R_N 为新的风险;R_0 为原来的风险。

从公式可看出,这显然不符合公众的利益。

一个设计的基本设计风险为一个定值,由于可能存在设计时未预见的情况,应当在这个基本设计风险的基础上平均增加一定的风险余量,其总的平均风险应当满足适航要求。欧洲航空安全局(EASA)经过研究确定,比较适合的风险平均增加量为基本设计风险的 1/3。也就是说,灾难性事件的平均适航风险标准 $\leqslant 10^{-7}$/FH,由两部分组成,总体的 3/4 是基本设计风险,其他的 1/4 形成了一个容许量,用于个别飞机整个寿命期内无法预料(或未知)的各种情况。以飞机寿命期内总的平均风险不高于 10^{-7}/FH 为限,即

$$\sum_{\text{寿命期}} \text{失效概率} \times \text{暴露时间} = 0.25 \times 10^{-7} \tag{9.3}$$

单架飞机寿命期平均适航风险——灾难性失效状态如图 9.1 所示。

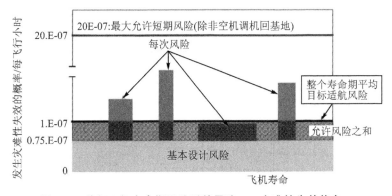

图 9.1　单架飞机寿命期平均适航风险——灾难性失效状态

9.3.3　纠正措施时间限制的确定

1. 对于灾难性失效状态的情况

统计和调查显示,单架飞机的整个寿命期间内会出现不超过 10 次这种未知情况。

由上述可知,每次失效情况发生时,其产生灾难性事件的风险为

$$R_{风险} = 10^{-7} \times (1/4) \times [飞机的设计寿命(飞行小时)] \times (1/10) \qquad (9.4)$$

另一方面,每次失效产生灾难性事件的风险与其发生的概率和时间成正比,即

$$R_{风险} = P_{失效时产生灾难性事件的概率} \times T_{失效的暴露时间} \qquad (9.5)$$

对于特定飞机,其设计寿命已知,由式(9.4)可得到该机型允许的风险值。再将此风险值代入式(9.5),即可得到发生失效情况时,产生灾难性事件的不同概率与暴露时间的对应值。

如飞机设计寿命为 60 000 飞行小时,年利用率为 3 000 飞行小时,则允许每次失效情况的风险为

$$R_{风险} = 10^{-7} \times (1/4) \times 60\,000 \times (1/10) = 1.5 \times 10^{-4}/FH \qquad (9.6)$$

即每万飞行小时发生灾难性事件的概率为 1.5 次。代入式(9.5):

$$R_{风险} = P_{失效时产生灾难性事件的概率} \times T_{失效的暴露时间} = 1.5 \times 10^{-4}/FH \qquad (9.7)$$

由此可得产生灾难性事件的不同概率与暴露时间的对应值,如表 9.1 所列。

表 9.1　产生灾难性事件的概率与暴露时间

由失效造成飞机灾难事件的概率 P/FH	该风险下的暴露时间/FH	该风险下的暴露时间 (基于日历时间)
4×10^{-8}	3 750	15 个月
5×10^{-8}	3 000	12 个月
1×10^{-7}	1 500	6 个月
2×10^{-7}	750	3 个月
5×10^{-7}	300	6 周
1×10^{-6}	150	3 周
1×10^{-5}	15	停场或返回基地

对于某一特定风险,必须在其暴露时间内完成纠正措施,使飞机恢复到可接受的安全水平。这样,该飞机整个寿命期的 $1 \times 10^{-7}/FH$ 的平均适航风险水平没有被打破,仍在公众可接受的安全范围之内。因此,可以认为该暴露时间就是完成纠正措施的时限。

除此之外,还有一个更深层次的限制。尽管一个情况对一架飞机整个寿命期间的风险影响很小,但是这个风险不允许对任何一次飞行有太大的影响。这样的话,尽管容许一个非常高的风险在短时间内持续,并对整个适航目标没有造成降低,但是,

一个非常高的风险会使几次短时间的飞行处于一个非常难以接受的风险水平。因此,为了确保安全,保守地提出一个 2×10^{-6} 的截止线。虽然,理论计算其暴露时间还有 75 FH,但由于存在的风险太大,不允许再飞行。在这个水平上,缺陷对造成灾难性事件的影响要比其他所有原因(包括非适航原因)之和还要大得多。如果出现这种情况(或更糟),那只有停飞或者经批准空机调机回基地。

图 9.2 给出了单架飞机造成灾难性失效状况的概率与纠正措施时限的关系。当造成灾难性失效状况的概率小于 1×10^{-9} 时,不必采取措施;当概率大于 2×10^{-6} 时,停场或空机调机回基地;当概率在 $1\times10^{-9}\sim2\times10^{-6}$ 之间时,在图中对应的时间内完成纠正措施。

这些原则可以应用于单架飞机或者有一定数量飞机的机队,但是在计算风险时,应当考虑带有风险的飞机,那些没有风险的飞机应当排除在外。当知道风险源存在于整个机队,但无法确定具体地方的时候,风险可以作用于整个机队。当纠正措施的时限应用于飞机机队时,可认为是纠正措施期间的平均时间,并不是最后一个纠正的时间。

此外,考虑到大型机队规模的影响,在机队改正期间内,预计发生灾难性事件的风险不应超过 0.1,而非单架飞机的 1.5×10^{-4},如图 9.3 所示。

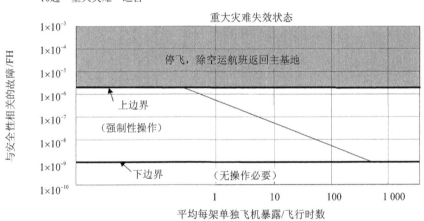

图 9.2 产生灾难性事件的概率与暴露时间关系图

2. 对于危害性失效状态的情况

对于与危险性失效状况相关的缺陷,也可以用相似的方法得出造成危险性失效状况的概率与暴露时间的关系图,如图 9.4 所示。根据 EASA AMC25.1309 和 FAA AC25.1309-1A,对于每一个危险性失效状况,允许其发生的概率设置为 10^{-7}/FH,与此相对的灾难性失效状况的概率设置为 10^{-9}/FH。

此外,考虑到大型机队规模的影响,在机队改正期间内,预计发生危险性事件的风险不应超过 0.5,如图 9.5 所示。

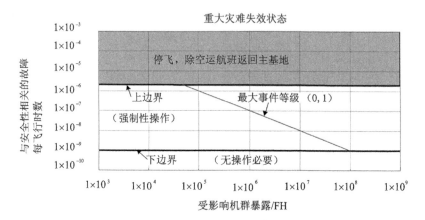

图 9.3 产生灾难性事件的概率与暴露时间关系图(考虑大机队影响)

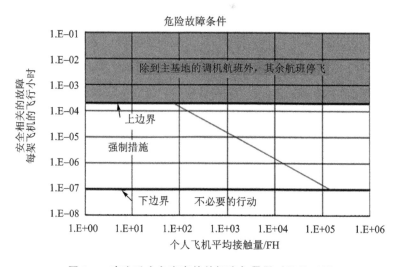

图 9.4 产生重大危害事件的概率与暴露时间关系图

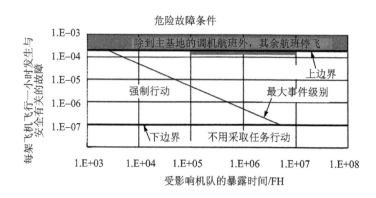

图 9.5 产生重大危害性事件的概率与暴露时间关系图(考虑大机队影响)

9.4　TARAM 纠正措施时限计算方法

9.4.1　TARAM 方法背景介绍

TARAM 即运输飞机风险评估方法（Transport Airplane Risk Assessment Methodology，TARAM），是 FAA 推荐的一种概率风险评估方法，在 7.2.7 小节已对 TARAM 方法进行了详细的介绍。TARAM 方法中介绍了五种风险，分别是未纠正机队风险、未纠正单机风险、90 天机队风险、受控机队风险和受控单机风险。其中 90 天机队风险是评估纠正措施优先级的重要指标。

90 天机队风险即在没有采取纠正措施时，受影响机队在接下来的 90 天里考虑死亡人数方面的短期平均机队风险。该风险指标提供短期风险预测，有助于确定可能需要的纠正措施的迫切性。90 天机队风险值提供了用于资源分配的管理信息。

9.4.2　90 天机队风险计算方法

1. 随机失效

根据 TARAM 方法，针对随机失效，90 天机队风险可以用式（9.8）表达，公式中变量具体的含义在后文中描述。

$$R_{90} = [F \times U_{90} \times \Sigma_{90} \times 90] \times [CP_{90}] \times [IR \times EO] \tag{9.8}$$

① 事件频率（F）。事件频率是指研究中的状况在未来 90 天内，在受影响机队中预计会发生的比率。针对随失效时间，失效率是一个常数 λ，可以用失效率 λ 等效事件发生频率。

② 90 天风险的利用率（U_{90}）。每架飞机的最新利用率或当前每种飞机类型，子机队或受影响机队的所有飞机的平均值都可以使用。根据统计，2017 年中国民航运输飞机平均日利用率约为 10 h，因此 U_{90} 可以用 10 h 近似表示。

③ 受影响飞机数（Σ_{90}）。受影响飞机数是指研究的状况有影响的机队，通常包括：

● 常见设计问题上具有实质相似设计的飞机。

● 在某个序列号范围内有批量生产/材料问题的飞机。

④ 90 天风险时间（T_{90}）。对于 90 天风险，时间期间是 90 天。注意在整个分析中必须保持时间单位一致，因此如果在这个时间中使用"天"，那么在所有的时间期间里都应该使用"天"作为单位。

⑤ 条件概率（CP_{90}）。条件概率是考虑的状况或事件会导致某一结果的可能性。条件概率包括导致飞机不安全结果的所有状况的所有单架飞机的条件概率。但是条件概率与状况或事件的事件频率没有关系。需要确保条件概率不包含在事件频率或者被评估事件的严重度中。

　　90 天风险分析的条件概率可以使用受影响机队(或子机队)未来 90 天的平均条件概率表示。当一个条件概率由于季节性运行差异,机队年龄等预计会改变,则平均条件概率可能与整体平均值不同。

　　对于结构损伤或者部件失效的情况,可以用损伤发展到下一个状态需要的飞行循环数与部件寿命的相应飞行循环数之比表示。循环比的数值越大,表明损伤发展的速度越快,因此,从当前状态转变成下一个状态的可能性越大,因此可以用来反映条件概率的近似情况。根据循环比的思想,FAA 联合波音公司制定出了基于历史数据统计的循环比与条件概率的对应表,见表 9.2。

表 9.2　循环比和条件概率对应表

循环比/%	条件概率	循环比/%	条件概率
0～10	1	51～70	0.1
11～30	0.75	71～90	0.01
31～50	0.5	91～100	0.005

　　在数据量较少的情况下,通常可以保守地将条件概率假设为 1,表示不安全事件一定会导致某种不安全后果,但是这样计算的风险值一般偏大。

　　⑥ 损伤率(IR)。对于后果严重程度的判断一般从导致人员伤亡情况和导致航空器等财产的损失情况两个角度进行判断。在定性判断中,CCAR 25 部的第 1309 条以及其对应的咨询通告中使用无安全影响的、轻微的、严重的、危险的和灾难的等表述对后果严重程度进行定性的等级判断。在定量后果严重程度判断中,FAA 提出使用飞行事故中人员的平均损伤率表示事故后果严重程度的方法。损伤率即 Injury Ratio(IR),表达式如下:

$$IR = \frac{n_{fatal}}{n_{onboard}} \tag{9.9}$$

式中,n_{fatal} 表示由于飞行事故导致的死亡人数,$n_{onboard}$ 表示发生事故时飞机上机组和乘客人数的总和。损伤率 IR 与飞机类型和飞机事故模式有关,同样的事故模式下,大飞机的 IR 要比支线飞机的 IR 值大;同一类飞机,故障越严重损伤率就越大,譬如,失控坠毁下的 IR 值大于受控坠毁下对应的 IR 值。另外,由于 n_{fatal} 包含因事故致死机上人员以及地面人员数,因此 IR 的值可能大于 1。

　　⑦ 暴露人员数(EO)。暴露人员数用于对给机上人员构成一般威胁的不安全结果统计,包括受影响机队的平均飞机总容量(即机上乘员和机组人员之和)。

2. 磨损失效

　　根据 TARAM 方法,针对磨损失效,90 天失效风险可以用如下方程式表达,其中变量 CP_90、IR 和 EO 的含义与随机失效方程中相同,ND 和 DA_90 的具体含义在后文中描述。

$$R_{90} = [ND \times DA_{90}] \times [CP_{90}] \times [IR \times EO] \tag{9.10}$$

① 未检测概率（ND）。未检测概率是指缺陷在引发不安全状况或不安全结果前未被检测到缺陷的概率，ND 在结构疲劳裂纹问题中尤为重要。在 ND 不明确的情况下，可以保守地假设为 1，但是这并不是最优选择。FAA 研究人员推荐通过以下流程图（见图 9.6）来确定 ND 的具体数值。

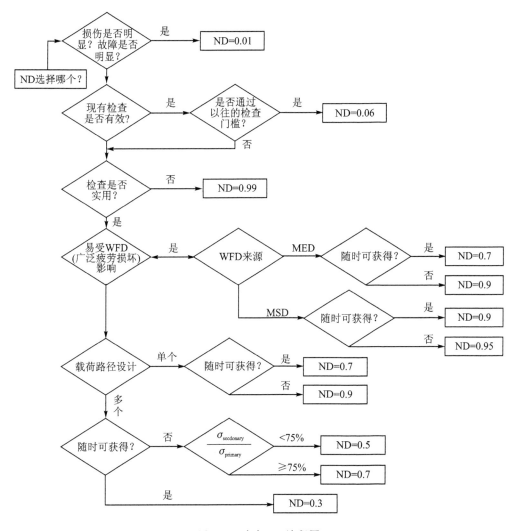

图 9.6　确定 ND 流程图

② 缺陷飞机数（DA$_{90}$）。DA 即 Defect Airplanes，DA$_{90}$ 表示在 90 天内机队故障飞机的预测数量，可以用机队中所有飞机在 90 天内发生故障的概率之和表示。因此，DA$_{90}$ 可以用受影响机队中每架飞机在 $[T_i, T_i + 90 \cdot U_{90}]$ 之间发生故障的条件概率之和表示为

$$DA = \sum_{i=1}^{N} P\left([T_i, T_i + 90 \cdot U_{90}] \text{ 期间故障} \mid \text{目前没有故障}\right) \quad (9.11)$$

其中故障发生的概率由部件的失效概率密度函数决定,对于结构疲劳的磨损,通常使用威布尔分布和其他相似分布。

9.4.3　案例分析

以波音 737 飞机 CFM56 - 7B 发动机可调静子叶片(VSV)作动筒故障情况为例对发动机控制系统故障实际风险进行分析。

用威布尔分布表示该类 VSV 作动筒的失效率,可以表示为

$$\lambda(t) = \frac{m}{\eta}\left(\frac{t}{\eta}\right)^{m-1}, \quad t \geqslant 0 \tag{9.12}$$

式中,t 为部件的运行时间,m 为威布尔分布的形状参数,η 为威布尔分布的尺度参数。

表达式中的两个参数可以通过资料或者数据拟合得到。采用基于截尾数据的威布尔参数极大似然法对一组该类 VSV 作动筒寿命数据进行威布尔分布的拟合,得到参数为 $m = 7.867$,$\eta = 16\,501$。因此其中 DA_{90} 表示纠正措施实施期间机队故障飞机的预测数量,可以表示为

$$\begin{aligned}
DA_{90} &= \sum_{i=1}^{N} P(t_i < t \leqslant t_i + 900 \mid t > t_i) \\
&= \sum_{i=1}^{N} \frac{P(t_i < t \leqslant t_i + 900)}{P(t > t_i)} \\
&= \sum_{i=1}^{N} \frac{P(t \leqslant \tau) - P(t \leqslant t_i)}{1 - P(t \leqslant t_i)} \\
&= \sum_{i=1}^{N} \frac{F_{t_i+900} - F_{t_i}}{1 - F_{t_i}}
\end{aligned} \tag{9.13}$$

$$DA_{90} = \sum_{i=1}^{N} \left\{ 1 - \exp\left[\left(\frac{t_i}{\eta}\right)^m - \left(\frac{t_i + 900}{\eta}\right)^m\right] \right\} \tag{9.14}$$

$$DA_{90} = \sum_{i=1}^{N} \left\{ 1 - \exp\left[\left(\frac{t_i}{16\,501}\right)^{7.867} - \left(\frac{t_i + 900}{16\,501}\right)^{7.867}\right] \right\} \tag{9.15}$$

式中,N 为机队飞机数量,t_i 为受影响机队中第 i 架飞机 VSV 作动筒目前的飞行循环,900 表示纠正措施的实施时间为 900 FH。

根据工程判断可以得到 ND,根据统计可以得到 CP_{90}、IR 和 EO,因此,可以根据 R_{90} 的计算公式计算该事件的 90 天风险值,进而判断纠正措施的实施优先级。

参考文献

［1］朱凤驭. 民用飞机适航管理［M］. 北京：国防工业出版社，1991.

［2］ICAO. Doc9760，2nd edition，Airworthiness Manual［S］. Canada：International Civil Aviation Organization，2008.

［3］中国民用航空局航空器适航审定司. AC-21-AA-2013-19，型号合格证持有人持续适航体系的要求［S］. 北京：中国民用航空局，2013.

［4］ICAO. 附件8，航空器适航性［S］. Canada：International Civil Aviation Organization，1949.

［5］ICAO. Doc 9859，Safety Management Manual［S］. Canada：International Civil Aviation Organization，2006.

［6］FAA. Order 8110. 107A，Monitor Safety/Analyze Data［S］. Washington D. C. ：Federal Aviation Administration，2012.

［7］EASA. Decision NO. 2003/1/RM，AMC and GM to Part 21［S］. Germany：European Aviation Safety Agency，2003.

［8］SAE. ARP 5150，Safety Assessment of Transport Airplanes in Commercial Service［S］. Washington D. C. ：Society of Automotive Engineers，2003.

［9］FAA. PS-ANM-25-05，Transport Airplane Risk Assessment Methodology Handbook［R］. Washington D. C. ：Federal Aviation Administration，2011.

［10］任旭. 工程风险管理［M］. 北京：清华大学出版社，北京交通大学出版社，2010.

［11］张粉婷. 基于Bow-tie模型的通用航空运行风险管理研究［D］. 北京：中国民用航空飞行学院，2017.

［12］鲍晗. 民机发动机控制系统持续适航风险评估技术研究［D］. 南京：南京航空航天大学，2019.

［13］郑恒，周海京. 概率风险评估［M］. 北京：国防工业出版社，2012.

［14］王冠茹. 民用飞机运营事件风险评估方法研究［D］. 南京：南京航空航天大学，2012.

［15］Leveson N. A New Approach to Hazard Analysis for Complex Systems［C］. In Conference of the System Safety. Ottawa：International System Safety Society，2003：498-507.

［16］Enrico Zio. 可靠性与风险分析蒙特卡罗方法［M］. 北京：国防工业出版社，2014.

［17］Bigün E S. Risk Analysis of Catastrophes Using Experts' Judgements：An Empirical Study on Risk Analysis of Major Civil Aircraft Accidents in Europe［J］. European Journal of Operational Research，1995，87(3)：599-612.

［18］葛志浩，徐浩军，刘琳，等.飞行事故概率模型与风险评估方法［J］. 中国安全科学学报，2008，18(2)：162-165.

[19] Violette M G，Safarian P，Han N，et al. Transport Airplane Risk Analysis[J]. Journal of Aircraft，2015，52(2):395-402.

[20] 郭媛媛，孙有朝，李龙彪. 基于蒙特卡罗方法的民用飞机故障风险评估方法[J]. 航空学报，2017，10:155-163.

[21] Lee W K. Risk Assessment Modeling in Aviation Safety Management[J]. Journal of Air Transport Management，2006，12(5):267-273.

[22] Janic M. An Assessment of Risk and Safety in Civil Aviation[J]. Journal of Air Transport Management，2000，6(1):43-50.

[23] 单晶晶. 民航不安全事件数据的预测推理与风险识别[D]. 北京:北京交通大学，2016.

[24] Shah A R，Shiao M C，Nagpal V K. Probabilistic Evaluation of Uncertainties and Risk on Aerospace Components[R]. Cleveland，Ohio：NASA Lewis Research Center，NASA TM 105603，1992.

[25] 丁水汀，张弓，蔚夺魁，等. 航空发动机适航概率风险评估方法研究综述[J]. 航空动力学报，2011，26(7):1441-1451.

[26] 蔡景，许娟，刘明，等. 民用航空器适航管理[M]. 北京:北京航空航天大学出版社，2018.

[27] 金迪. 航空公司运行不安全事件安全风险管理方法研究[D]. 上海:上海交通大学，2013.

[28] 国家技术监督局，GB 14648—1993，民用航空器飞行事故等级[S].北京：中国标准出版社，1994.

[29] 中国民用航空局航空器适航审定司. GB 18432—2001，民用航空地面事故等级[S]. 北京:中国标准出版社，2002.

[30] 中国民用航空局，MH/T 2001-2018，民用航空器事故征候[S/OL]. (2018-12-14)[2019-3-25]http://www. caac. gov. cn/XXGK/XXGK/BZGF/HYBZ/201902/t20190218_194724. html.

[31] 中国民用航空局航空安全办公室. AC-396-08R1，事件样例[S/OL]. (2017-12-06)[2019-3-26]. http://www. caac. gov. cn/XXGK/XXGK/GFXWJ/201802/t20180202_49056. html.

[32] 孙缨军，鲍晗. 基于 TARAM 的民机 EWIS 实际风险评估方法研究[J]. 机械设计与制造工程，2018，47(2):92-96.

[33] 孙缨军，陈志雄，张林帅，等. 商用飞机发动机非包容转子碎片对燃油系统影响的风险分析[J]. 航空科学技术，2017，28(11):74-78.

[34] 谢宝良. 民用航空器不安全状态纠正措施时间限制的确定[J]. 民用飞机设计与研究，2009，4:48-50.

[35] 沈小明，戴顺安，王烨. 飞机部件延寿的风险评估方法研究[J]. 兵器装备工程学报，2017，38(11):85-88.

[36] 戴顺安，王烨，蔡景. 民用飞机隐蔽故障风险的定量评估方法研究[J]. 兵器装备工程学报，2016，37(6):162-165.